TypeScript
入门与全栈式网站开发实战

曹 宇◎著

清华大学出版社
北京

内 容 简 介

本书通过通俗易懂的语言,并配以示例代码和案例项目,详细介绍 TypeScript 编程语言的核心知识和重要技术。同时,本书通过学练结合从而循序渐进地带领读者学习 TypeScript 语言,让读者可以在有趣的学习中感受到编程的魅力,快速提升实践开发能力。

全书共 12 章,分为三部分。第一部分(第 1～5 章)为基础篇,包含 TypeScript 开发入门、基础语法、面向对象、包装类和集合类型;第二部分(第 6～8 章)为进阶篇,包含 TypeScript 语法进阶、名称空间和模块、类型声明文件;第三部分(第 9～12 章)为实战案例篇,为巩固知识和提升 TypeScript 开发实践技能,准备了 4 个案例项目:使用 Puppeteer 框架爬取图书信息、将图书信息保存至 MongoDB、实现后端 RESTful API 服务、实现前端 Vue 应用。

本书概念清晰、内容简练,是学习 TypeScript 语言的入门佳选。适用于对 JavaScript 有一定基础的前端开发人员,也适合希望使用 TypeScript 构建 Web 应用的全栈开发人员。

本书封面贴有清华大学出版社防伪标签,无标签者不得销售。
版权所有,侵权必究。举报: 010-62782989,beiqinquan@tup.tsinghua.edu.cn。

图书在版编目(CIP)数据

TypeScript 入门与全栈式网站开发实战/曹宇著.—北京:清华大学出版社,2024.3(2024.11重印)
ISBN 978-7-302-65533-6

Ⅰ.①T… Ⅱ.①曹… Ⅲ.①JAVA 语言－程序设计 Ⅳ.①TP312.8

中国国家版本馆 CIP 数据核字(2024)第 044777 号

责任编辑:陈景辉 李 燕
封面设计:刘 键
责任校对:胡伟民
责任印制:曹婉颖

出版发行:清华大学出版社
    网 址:https://www.tup.com.cn,https://www.wqxuetang.com
    地 址:北京清华大学学研大厦 A 座 邮 编:100084
    社 总 机:010-83470000 邮 购:010-62786544
    投稿与读者服务:010-62776969,c-service@tup.tsinghua.edu.cn
    质量反馈:010-62772015,zhiliang@tup.tsinghua.edu.cn
    课件下载:https://www.tup.com.cn,010-83470236
印 装 者:三河市铭诚印务有限公司
经 销:全国新华书店
开 本:185mm×260mm 印 张:17 字 数:430 千字
版 次:2024 年 4 月第 1 版 印 次:2024 年 11 月第 2 次印刷
印 数:1501～2500
定 价:99.90 元

产品编号:101611-01

前言
FOREWORD

在 Web 前端开发领域，JavaScript 始终处于重要的地位。JavaScript 能很好地结合 Node.js 这一跨平台运行环境，将可开发范围由前端扩展到后端。但随着 Web 项目需求的不断增加，其业务逻辑也越来越复杂。JavaScript 作为一款弱类型的动态脚本语言，显然不能满足当前实际开发的需要，也无法很好地应对项目维护等工作。幸好，随着技术的不断进步，TypeScript 语言的出现，成功破解了这一难题。

TypeScript 是由微软公司开发的、基于 JavaScript 的开源编程语言。TypeScript 带有静态类型检查功能，是 JavaScript 的一个超集，TypeScript 的源文件最终可被编译为纯 JavaScript 代码。TypeScript 可以弥补 JavaScript 弱类型系统的不足，从而大幅提高开发代码的可靠性。此外，TypeScript 也继承了 JavaScript 的诸多优点，如沿用了 JavaScript 的语法和语义，极大地降低了学习成本和程序迁移成本。目前，TypeScript 已在前端领域占据重要地位，得到了广泛运用和开发市场的普遍认可。对开发技术人员来说，掌握 TypeScript 不但可以重塑类型思维、提升编程素养，还可玩转前端应用开发，甚至挑战后端应用开发。

本书主要内容

本书共 12 章分为三部分，包括基础篇、进阶篇和实战案例篇。

第一部分基础篇，包括第 1~5 章。

第 1 章开发入门，主要阐述 JavaScript 的局限性和 TypeScript 语言的优点、JavaScript 和 TypeScript 之间的关系、安装和配置 TypeScript 的开发环境。

第 2 章基础语法，详细介绍包括注释、标识符、关键字、基础类型、变量、常量、操作符、分支语句、循环语句、跳转、函数定义、可选函数、默认参数、剩余参数、重载函数、递归函数、匿名函数、箭头函数、回调函数等内容。

第 3 章面向对象，详细介绍类和对象的基本概念、类结构、属性、函数、访问器、构造函数、创建对象、继承、函数覆盖和多态、this 与 super、抽象类、接口定义、接口实现类、接口多继承等内容。

第 4 章包装类，主要介绍 Boolean、Number、String 几个包装类的常见属性和函数，以及正则表达式的语法知识。

第 5 章集合类型，重点介绍数组（array）、元组（tuple）、集合（set）、映射（map）4 种数据结构的创建和使用，以及不同集合类型间的转换。

第二部分进阶篇，包括第 6～8 章。

第 6 章语法进阶，详细描述数组的解构与展开、对象的解构与展开、访问修饰符、只读修饰符、类装饰器、其他装饰器、装饰器工厂、装饰器执行顺序、接口兼容性、类兼容性、函数兼容性、联合类型、交叉类型、类型别名、类型推断、类型断言、泛型、错误处理、传统回调函数实现异步处理、Promise 实现异步编程、关键字 async 和 await 的使用等内容。

第 7 章名称空间和模块，全面介绍名称空间的定义和资源导出、名称空间嵌套、跨文件访问名称空间内资源、普通脚本资源全局可见、模块导出默认资源、模块导出多个资源、同时导出默认资源和普通资源、导入变量的只读特征、导出导入其他语法、CommonJS 规范下模块的导入和导出等内容。

第 8 章类型声明文件，全面讲述获取 TypeScript 内置 API 的类型声明文件、获取常用第三方 JavaScript 库的类型声明文件、对 JavaScript 文件的简单支持、为 .js 文件编写类型声明文件等内容。

第三部分实战案例篇，包括第 9～12 章，深入细致地讲解了 4 个关联项目的功能实现全过程。

第 9 章使用 Puppeteer 框架爬取图书信息，全面讲解在 Node.js 平台上用 TypeScript 语言调用 Puppeteer 框架爬取图书信息，然后调用 Node.js 内置模块 fs 将爬取信息保存到本地 JSON 格式的文件中。

第 10 章将图书信息保存至 MongoDB，详细介绍在 Node.js 平台上引入 Mongoose 模块，然后使用 TypeScript 语言调用 Mongoose 提供的 API，将第 9 章保存的 JSON 格式数据保存到 MongoDB 数据库文档集合中。

第 11 章实现后端 RESTful API 服务，详细介绍在 Express.js 应用框架上构建 RESTful API 服务，从而与第 10 章保存在 MongoDB 数据库中的图书信息进行交互，以及提供增、删、改、查等操作的相关接口。

第 12 章实现前端 Vue 应用，全面介绍使用 Vite 工具构建 Vue 项目，引入 vue-router 模块进行路由配置，设计 Vue 组件，并通过 Axios 客户端调用第 11 章的 RESTful API，实现图书列表、详情、修改、删除等界面操作功能。

本书特色

（1）语言简洁易懂，演练结合，操作步骤详尽，适合读者自学。

（2）代码示例丰富，讲解清晰，读者可以快速掌握 TypeScript 开发。

（3）项目案例实用，难度适宜，便于将众多技术点迁移到自己的项目中。

（4）读者可获得更多实践经验。本书在项目案例中引入了 Node.js、Puppeteer、MongoDB、Mongoose、Express.js、RESTful API、Vue、Vite、vue-router、Axios 等众多平台、产品、框架、模块和技术，帮助读者全面提升实践水平。

配套资源

为便于教与学，本书配有源代码、微课视频、教学课件、教学大纲、教案、教学进度表、评分标准、软件安装包。

（1）获取教学视频的方式：读者可以先扫描本书封底的文泉云盘防盗码，再扫描书中相应的视频二维码，观看教学视频。

（2）获取源代码、软件安装包和全书网址的方式：先扫描本书封底的文泉云盘防盗码，再扫描下方二维码，即可获取。

源代码

软件安装包

全书网址

（3）扫描本书封底的"书圈"二维码，下载其他配套资源。

读者对象

本书适用于对 JavaScript 有一定基础的前端开发人员，帮助他们使用 TypeScript 语言编写出更具可读性和可维护性的代码。本书同样适合希望使用 TypeScript 构建 Web 应用的全栈开发人员阅读。

致谢

本书由上海城建职业学院曹宇者。在本书的策划和出版过程中，作者得到了许多人的帮助，在此衷心感谢所有支持者。特别感谢单位同事和众多行业公司的朋友，他们给予了宝贵的帮助和支持。

在本书编写过程中参考了诸多相关资料，在此对相关资料的作者表示衷心的感谢。

由于 TypeScript 语法和相关开发技术的不断变化和完善，以及作者水平和时间有限，书中难免存在疏漏之处，欢迎广大读者批评和指正。

作 者

2024 年 1 月

目录

CONTENTS

第一部分　基础篇

第 1 章　开发入门 ... 3

1.1 对 TypeScript 的基础认知 ... 3
   1.1.1 JavaScript ... 3
   1.1.2 TypeScript ... 4
   1.1.3 TypeScript 与 JavaScript ... 4

1.2 搭建 TypeScript 开发环境 ... 6
   1.2.1 安装 Node.js ... 7
   1.2.2 安装 TypeScript ... 11
   1.2.3 测试 Node.js 和 TypeScript 环境 ... 11
   1.2.4 安装 VSCode ... 12
   1.2.5 测试 VSCode 环境 ... 15
   1.2.6 配置 VSCode 自动编译 .ts 文件 ... 17
   1.2.7 配置 VSCode 的 Debug 环境 ... 19

1.3 实战闯关——环境搭建，初试开发 ... 20

第 2 章　基础语法 ... 22

2.1 编程基础 ... 22
   2.1.1 注释 ... 22
   2.1.2 标识符 ... 23
   2.1.3 关键字 ... 24
   2.1.4 基础类型 ... 24
   2.1.5 变量 ... 36
   2.1.6 常量 ... 39
   2.1.7 操作符 ... 40

2.2 流程控制 ... 51
   2.2.1 分支语句 ... 51
   2.2.2 循环语句 ... 54
   2.2.3 跳转 ... 63

2.3 函数 ……………………………………………………………………………………… 64
    2.3.1 函数定义 …………………………………………………………………… 64
    2.3.2 可选参数、默认参数和剩余参数 ………………………………………… 65
    2.3.3 重载函数 …………………………………………………………………… 67
    2.3.4 递归函数 …………………………………………………………………… 68
    2.3.5 匿名函数 …………………………………………………………………… 69
    2.3.6 箭头函数 …………………………………………………………………… 70
    2.3.7 回调函数 …………………………………………………………………… 71
2.4 实战闯关——基础语法 ……………………………………………………………… 73

第 3 章 面向对象 …………………………………………………………………………… 75

3.1 类 …………………………………………………………………………………………… 75
    3.1.1 类结构 ……………………………………………………………………… 75
    3.1.2 属性 ………………………………………………………………………… 77
    3.1.3 函数 ………………………………………………………………………… 78
    3.1.4 存储器与访问器 …………………………………………………………… 79
    3.1.5 构造函数 …………………………………………………………………… 81
3.2 对象 ………………………………………………………………………………………… 82
    3.2.1 对象概述 …………………………………………………………………… 82
    3.2.2 创建对象 …………………………………………………………………… 83
3.3 继承 ………………………………………………………………………………………… 85
    3.3.1 继承语法 …………………………………………………………………… 85
    3.3.2 单继承 ……………………………………………………………………… 86
    3.3.3 函数覆盖与多态 …………………………………………………………… 87
    3.3.4 this 与 super …………………………………………………………… 89
3.4 抽象类 ……………………………………………………………………………………… 91
3.5 接口 ………………………………………………………………………………………… 92
    3.5.1 定义接口 …………………………………………………………………… 92
    3.5.2 接口实现类 ………………………………………………………………… 93
    3.5.3 接口多继承 ………………………………………………………………… 94
3.6 实战闯关——面向对象 ……………………………………………………………… 94

第 4 章 包装类 ……………………………………………………………………………… 96

4.1 Boolean 类 ………………………………………………………………………………… 96
4.2 Number 类 ………………………………………………………………………………… 97
    4.2.1 Number 常见属性 ………………………………………………………… 97
    4.2.2 Number 常见函数 ………………………………………………………… 99
4.3 String 类 …………………………………………………………………………………… 100
    4.3.1 String 常见属性 …………………………………………………………… 100
    4.3.2 String 常见函数 …………………………………………………………… 101

   4.3.3 正则表达式···103
 4.4 实战闯关——包装对象、正则表达式···109

第 5 章 集合类型···111
 5.1 数组···111
   5.1.1 创建数组对象···111
   5.1.2 Array 类常用函数和属性···112
 5.2 元组···115
   5.2.1 定义元组和赋值···116
   5.2.2 元组常用操作···117
 5.3 集合···118
   5.3.1 创建 Set 对象···118
   5.3.2 Set 类常用操作···119
 5.4 映射···120
   5.4.1 创建 Map 对象···121
   5.4.2 Map 类的常用函数和属性··121
 5.5 不同集合类型间的转换···124
 5.6 实战闯关——集合···124

第二部分 进阶篇

第 6 章 语法进阶···129
 6.1 解构与展开···129
   6.1.1 数组的解构与展开···129
   6.1.2 对象的解构与展开···132
 6.2 修饰符···137
   6.2.1 访问修饰符···137
   6.2.2 只读修饰符···139
 6.3 装饰器···141
   6.3.1 类装饰器···141
   6.3.2 其他装饰器···142
   6.3.3 装饰器工厂···145
   6.3.4 装饰器执行顺序···147
 6.4 类型兼容···148
   6.4.1 接口兼容性···149
   6.4.2 类兼容性···150
   6.4.3 函数兼容性···151
 6.5 类型操作···155
   6.5.1 联合类型···155
   6.5.2 交叉类型···156

	6.5.3 类型别名	158
	6.5.4 类型推断	158
	6.5.5 类型断言	159
	6.5.6 泛型	160
6.6	错误处理	166
6.7	异步处理	169
	6.7.1 传统回调函数实现异步处理	169
	6.7.2 Promise 实现异步编程	170
	6.7.3 async 和 await	174
6.8	实战闯关——语法进阶	176

第 7 章 名称空间和模块 … 183

7.1	名称空间	183
	7.1.1 定义名称空间和导出资源	183
	7.1.2 名称空间嵌套	185
	7.1.3 跨文件访问名称空间内资源	185
7.2	模块	186
	7.2.1 普通脚本资源全局可见	187
	7.2.2 模块导出默认资源	189
	7.2.3 模块导出多个资源	190
	7.2.4 同时导出默认资源和普通资源	191
	7.2.5 导入变量的只读特征	192
	7.2.6 导出导入的其他语法	193
	7.2.7 CommonJS 规范下模块的导出和导入	197
7.3	实战闯关——名称空间和模块	198

第 8 章 类型声明文件 … 200

8.1	获取类型声明文件	200
	8.1.1 获取内置 API 的类型声明文件	200
	8.1.2 获取常用第三方 JavaScript 库的类型声明文件	201
8.2	定义类型声明文件	203
	8.2.1 对 JavaScript 文件的直接支持	203
	8.2.2 为 .js 文件编写类型声明文件	204
8.3	实战闯关——类型声明文件	206

第三部分 实战案例篇

第 9 章 使用 Puppeteer 框架爬取图书信息 … 211

9.1	案例分析	211
	9.1.1 需求分析	211

9.1.2　技术分析 ···················· 213
　9.2　开发环境安装和配置 ···················· 213
　9.3　功能实现 ···················· 215
　　　9.3.1　分析 ···················· 215
　　　9.3.2　实现 ···················· 218

第 10 章　将图书信息保存至 MongoDB ···················· 222

　10.1　案例分析 ···················· 222
　　　10.1.1　需求分析 ···················· 222
　　　10.1.2　技术分析 ···················· 222
　10.2　开发环境安装和配置 ···················· 223
　10.3　功能实现 ···················· 226

第 11 章　实现后端 RESTful API 服务 ···················· 229

　11.1　案例分析 ···················· 229
　　　11.1.1　需求分析 ···················· 229
　　　11.1.2　技术分析 ···················· 230
　11.2　开发环境的安装和配置 ···················· 230
　11.3　功能实现 ···················· 233
　　　11.3.1　搭建 Express.js 应用构架 ···················· 233
　　　11.3.2　设置路由 ···················· 234
　　　11.3.3　实现控制器 ···················· 236

第 12 章　实现前端 Vue 应用 ···················· 243

　12.1　案例分析 ···················· 243
　　　12.1.1　需求分析 ···················· 243
　　　12.1.2　技术分析 ···················· 243
　12.2　开发环境安装和配置 ···················· 244
　12.3　功能实现 ···················· 249
　　　12.3.1　设计应用主界面 ···················· 249
　　　12.3.2　定义图书类型 ···················· 250
　　　12.3.3　设计服务类 ···················· 251
　　　12.3.4　设计 Vue 组件 ···················· 252

参考文献 ···················· 260

第一部分

基础篇

第 1 章

开发入门

JavaScript 是一种动态类型语言，而 TypeScript 是一种静态类型语言，是 JavaScript 的超集，经编译后可生成相应的 JavaScript 代码文件。在 JavaScript 中，变量的类型可以随时改变，而 TypeScript 在编译阶段会进行类型检查，具备更强大的类型系统和编译时错误检查功能。

本章重点概述如何安装和配置 TypeScript 语言的开发环境。该环境的搭建对于进一步深入了解和使用 TypeScript 至关重要。

1.1 对 TypeScript 的基础认知

了解 JavaScript 和 TypeScript 两种语言的优点和缺点，以及 TypeScript 与 JavaScript 之间的关系，有助于理解 TypeScript 语言的开发优势。

视频讲解

1.1.1 JavaScript

1. 什么是 JavaScript

JavaScript 是目前非常流行且广泛应用于前端开发的脚本语言，最初用于为网页添加动态效果和交互功能，在 Web 前端应用开发中扮演着重要角色。随着 Node.js 运行环境的出现，JavaScript 开始在后端应用开发中得到广泛应用。

2. JavaScript 的优点和缺点

1) 优点

作为一种解释型语言，JavaScript 通常在浏览器中执行，不需要被编译成机器语言，而是由浏览器的 JavaScript 引擎逐行解释执行。JavaScript 使得前端开发更加灵活，确保用户能够迅速访问网页并获得交互体验，同时也能减轻服务器的工作负载。

2) 缺点

JavaScript 作为一种动态类型语言，在代码编写阶段，由于缺乏静态类型检查，在开发大型项目时可能会面临更多的类型相关问题。例如，它无法在编译时捕获潜在的类型错误，而在运行时才能发现这些错误，这增加了开发人员调试和修复错误的时间成本。

此外，JavaScript 的标准函数库相对较小，虽然可以完成基础操作，但在开发大型项目时需要进行更多的自定义开发和集成第三方库，以满足复杂的业务需求。这不仅增加了项目的复杂性和学习成本，还可能导致代码质量不一致和依赖管理方面的挑战。

1.1.2 TypeScript

1. 什么是 TypeScript

基于 JavaScript 的局限性，微软 C♯首席架构师安德斯·海尔斯伯格（Anders Hejlsberg）领导开发了一种开源的编程语言，那就是 TypeScript。根据 TypeScript 官网的表述，TypeScript 是具有类型语法的 JavaScript。

TypeScript 对 JavaScript 进行了语法扩展，以支持较新的 ECMAScript 标准（即 JavaScript 的通用标准，简称 ES 标准）。它引入了一些新的语法概念，如类、模块、Lambda 表达式、可选参数、默认参数等。此外，TypeScript 还添加了类型批注、编译时类型检查、类型推断、元组、接口、枚举、泛型、命名空间等新特性。

自 2012 年 10 月微软首次发布 TypeScript 以来，TypeScript 经历了多个版本的更新，截至 2023 年 1 月，最新版本是 TypeScript 4.9。在当前阶段，TypeScript 在前端领域的地位不可撼动。它不仅在微软内部得到了广泛使用，而且也得到了主流前端框架开发人员的认可。例如，Vue 框架使用 TypeScript 进行了代码重构，Angular 官方极力推荐将 TypeScript 作为其首选语言，React 也对 TypeScript 进行了支持。TypeScript 正在快速崛起，并有望成为开发领域的热门语言。

2. TypeScript 的优缺点

1）优点

TypeScript 通过对 JavaScript 进行扩展和引入新功能，提供了更强大的开发工具支持和语言特性，使开发人员能够编写更可靠、更可维护和更可扩展的代码。TypeScript 可以通过编译器对类型进行检查，提前捕获潜在的错误，并在编译过程中具备更好的代码提示和自动补全功能，弥补了 JavaScript 在大型项目开发中的一些不足，为开发人员带来了更优秀的开发体验，提供了更可靠的代码基础。

2）缺点

TypeScript 有一定的学习成本，需要使用者花时间去理解和掌握接口、类、泛型、名称空间、模块等概念和相关语法。

1.1.3 TypeScript 与 JavaScript

1. TypeScript 是 JavaScript 的超集

TypeScript 中的 Type 是类型的意思。作为 JavaScript 的超集，TypeScript 在 JavaScript 的基础上额外增加了类型系统，并提供了对类型的支持，如图 1-1 所示。

在 TypeScript 中，类型可被分为 JavaScript 已有类型和 TypeScript 新增类型。

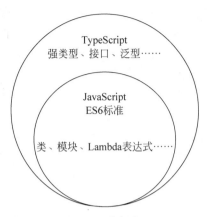

图 1-1　JavaScript 的超集 TypeScript

1）JavaScript 已有类型

原始类型，又被称作简单类型，包括 number、string、boolean、null、undefined 等。

复杂数据类型，包括数组、对象、函数等。

2）JavaScript 新增类型

JavaScript 新增类型包括联合类型、类型别名、接口、元组、枚举、泛型等。

2. TypeScript 可被编译为 JavaScript

通过 TypeScript 编译器（例如 tsc.exe 命令），可以将 TypeScript 源代码编译为 JavaScript 代码。这样一来，JavaScript 代码就能够在浏览器、Node.js 等宿主环境中运行了，如图 1-2 所示。

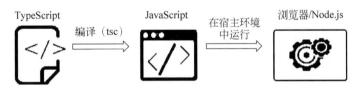

图 1-2　TypeScript 被编译为 JavaScript 后可在宿主环境中运行

JavaScript 引擎是一种软件，它负责解析、翻译并执行 JavaScript 代码。常见的 JavaScript 引擎包括 Chrome V8、Gecko 等。宿主环境则是为 JavaScript 和 JavaScript 引擎提供运行环境和相关 API 的软件或平台。

常见的宿主环境包括各种浏览器和 Node.js 环境。其中 Node.js 是一个开源的跨平台 JavaScript 运行时环境，提供了一个让 JavaScript 在服务器端运行的平台，使得开发者能够使用 JavaScript 进行服务器端应用开发。在 Node.js 平台上，JavaScript 可以操作文件系统、网络请求、数据库等，并且可以利用 NPM（Node.js Package Manager，Node.js 包管理器）来安装和使用第三方模块，扩展更多功能。

3. JavaScript 和 TypeScript 的区别

JavaScript 为动态类型语言，变量在使用时不需要预先声明类型，变量在赋值时也无须进行类型检查，可谓"灵活随意"。然而，在多人团队开发项目中，这种灵活特性可能导致类型不匹配的问题，引发许多潜在的运行时错误和隐患（见例 1-1）。

【例1-1】 JavaScript不进行类型约束,易造成执行时异常

```
1.    let a = 9
2.    a = 'hello'
3.    let b = Math.fround(a)
```

第1行,定义变量a,并赋予其数值类型值9。第2行,将字符串类型值'hello'赋值给变量a。这种操作对于动态类型语言来说是没有问题的。

第3行,Math.fround()函数的参数类型应为数值类型,但实际被调用的参数变量a是字符串类型。这种类型不匹配问题,对于动态类型的JavaScript语言而言,在编译过程中是不会被检测到的,在执行过程中才会被察觉从而引发异常。

TypeScript为静态类型语言,对于相同功能的代码,在编译时就能检测出其中的类型不匹配问题。

【例1-2】 TypeScript在编码阶段可检测到类型不匹配问题

```
1.    let a : number = 9
2.    a = 'hello'
3.    let b = Math.fround(a)
```

第1行,用强类型的TypeScript语言声明变量a为数值类型。第2行为变量a赋予字符串类型值时,开发工具(如VSCode)就检测到了类型不匹配问题,如图1-3所示。

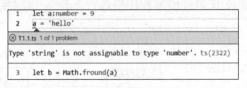

图1-3　开发工具检测到类型不匹配问题

4. 相比JavaScript,TypeScript更具开发优势

TypeScript的类型系统,在一定程度上起到了说明文档的作用,可使代码更清晰、健壮和易于维护。

结合优秀的IDE开发工具(如VSCode、Sublime Text、WebStorm等),TypeScript开发优势更为明显:在编写代码阶段,就可提早检测到类型错误,并予以及时修正,缩短了检错、排错时间;项目的重构工作也会变得非常容易和快捷;支持语法高亮、智能代码补全、自定义热键、括号匹配、代码片段、代码对比、插件扩展、Git管理等功能,同样有助于提高工作效率、提升开发体验、消除冗余代码,更好地组织和管理项目。

1.2　搭建TypeScript开发环境

要搭建TypeScript开发环境,需要安装和配置Node.js和VSCode。

首先,安装Node.js运行环境和TypeScript软件包,这是编译TypeScript代码的必要条件。其次,安装VSCode集成开发环境,这是开发TypeScript项目的推荐选择。

1.2.1　安装 Node.js

打开 Node.js 官网,下载最新的 LTS 版(长久支持版) Node.js。网站会识别用户使用的操作系统(如 Windows x64),单击相应的 Node.js 版本(如 Node.js 16.15.1 LTS)进行下载,如图 1-4 所示。

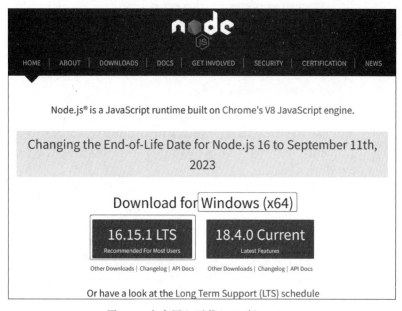

图 1-4　在官网上下载 LTS 版 Node.js

下载完成后,双击下载的 node-v16.15.1-x64.msi 文件,进入 Node.js 安装界面,单击 Next 按钮,如图 1-5 所示。

图 1-5　进入 Node.js 安装界面

在 License Agreement 界面勾选 I accept the terms in the License Agreement 复选框,然后单击 Next 按钮,如图 1-6 所示。

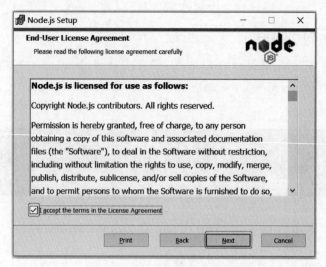

图 1-6　选择接受协议

在 Destination Folder 界面设置 Node.js 的安装目录,然后单击 Next 按钮,如图 1-7 所示。

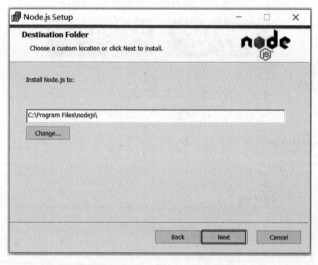

图 1-7　设置 Node.js 安装目录

在 Custom Setup 界面默认安装 Node.js 的 5 个特征项,单击 Next 按钮,如图 1-8 所示。

在 Tools for Native Modules 界面勾选 Automatically install the necessary tools Note that this will also install Chocolatey. The script will pop-up in a new window after the Installation completes. 复选框(用于自动安装必要的工具),单击 Next 按钮,如图 1-9 所示。

在 Ready to install Node.js 界面单击 Install 按钮,进行安装,如图 1-10 所示。

单击 Finish 按钮,完成 Node.js 主体的安装,如图 1-11 所示。

在弹出的命令窗口中,按任意键多次,通过脚本引导一些 Node.js 本机模块(Native Modules)的安装,如图 1-12 所示。

安装完成后,在 Node.js 安装目录(如 C:\Program Files\nodejs)中可看到 Node.js 的启动程序 node.exe,如图 1-13 所示。

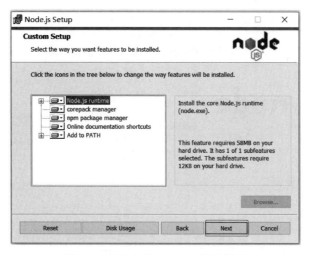

图 1-8　默认安装 Node.js 的特征项

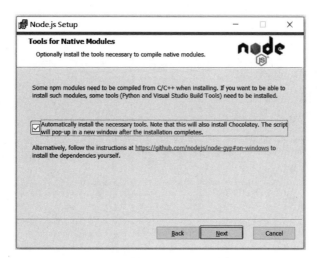

图 1-9　勾选 Automatically install the necessary tools Note that this will also install Chocotatey. The script will pop-up in a new window after the Installation completes. 复选框

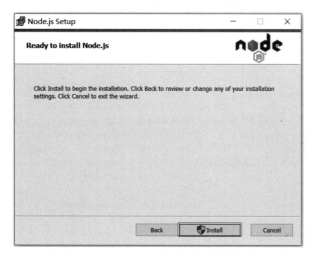

图 1-10　单击 Install 按钮安装 Node.js

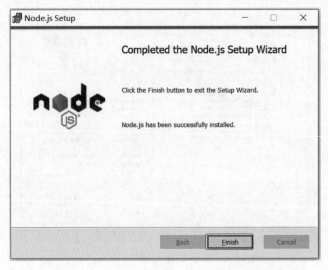

图 1-11　单击 Finish 按钮完成 Node.js 主体的安装

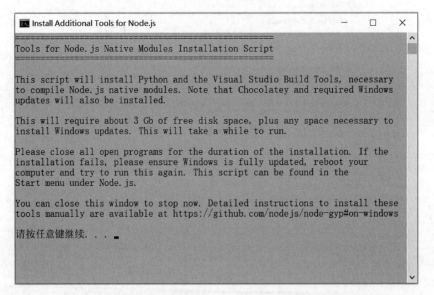

图 1-12　引导 Node.js 本机模块的安装

图 1-13　安装目录中含有 Node.js 的启动程序 node.exe

安装后,可用 node-v 命令查看 node.js 的版本,以判断 node.js 是否安装成功。

后续章节还将逐步介绍一些 Node.js 常用命令的使用方法,这些常用命令如表 1-1 所示。

表 1-1 Node.js 常用命令

命 令	描 述
node -v	查看 node 版本
npm -v	查看 npm 版本
node install 模块名	为项目安装指定模块。可在模块名后指定版本
node uninstall 模块名	删除项目中的指定模块。可在模块名后指定版本
npm install-g 模块名	安装全局模块,对系统中所有项目有效
npm uninstall-g 模块名	卸载全局模块
npm init	创建项目配置文件 package.json,其中包含项目名称、版本号、作者、运行脚本、依赖项(模块)等重要信息

1.2.2 安装 TypeScript

要想全局安装 TypeScript 包,执行如下命令:

```
npm install - g typescript
```

启用 Node.js 软件包管理工具 NPM 进行 TypeScript 包的全局安装,如图 1-14 所示。

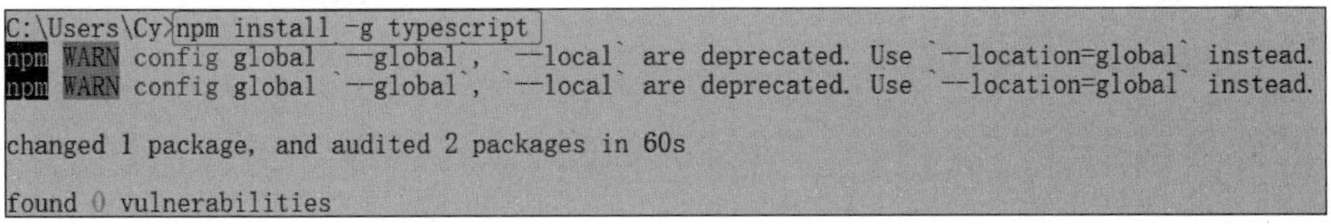

```
C:\Users\Cy>npm install -g typescript
npm WARN config global `--global`, `--local` are deprecated. Use `--location=global` instead.
npm WARN config global `--global`, `--local` are deprecated. Use `--location=global` instead.
changed 1 package, and audited 2 packages in 60s
found 0 vulnerabilities
```

图 1-14 用 npm 工具安装 TypeScript 包

安装后,在命令窗口中执行如下命令:

```
tsc - V
```

检查 TypeScript 编译器版本,以判断 TypeScript 是否安装成功,如图 1-15 所示。

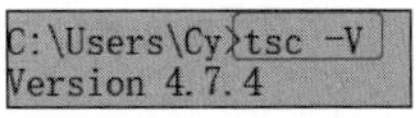

```
C:\Users\Cy>tsc -V
Version 4.7.4
```

图 1-15 检查 TypeScript 编译器版本

1.2.3 测试 Node.js 和 TypeScript 环境

创建测试文件 hello.ts(注意,TypeScript 文件的后缀为.ts),并输入 TypeScript 代码,如图 1-16 所示。

其中,hello()函数指定了返回类型 string;参数 name 指定了类型 string;返回字符串用一对反引号"括起来,并用占位表达式 ${} 输出了变量 name 的值。注意,以上所涉及的 TypeScript 语法特征,在后续章节中再做展开。

运行 TypeScript 编译器 tsc，对 TypeScript 源文件 hello.ts 进行编译，如图 1-17 所示。

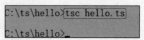

图 1-16　创建 TypeScript 测试文件 hello.ts　　　图 1-17　对 TypeScript 源文件 hello.ts 进行编译

注意，若编译时使用单个 tsc 命令，而不带.ts 文件名参数，则将编译当前目录下所有的.ts 文件。

tsc 命令执行后，会生成 hello.js 文件，生成.js 文件的逻辑和生成.ts 文件的逻辑相同，但 Hello.js 文件中的内容已经被编译为符合 JavaScript 语法规范的代码了，如图 1-18 所示。

当对比 TypeScript（hello.ts）代码和编译后的 JavaScript（hello.js）代码时，会发现 TypeScript 代码中有类型定义，而编译后的 JavaScript 代码已经去除了类型定义部分。

用 node 命令在 Node.js 环境中解释运行 JavaScript 文件（hello.js），运行结果为：Hello TS，如图 1-19 所示。

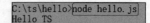

图 1-18　编译 hello.ts 后生成的　　　图 1-19　用 node 命令解释运行
　　　　JavaScript 文件 hello.js　　　　　　　　　JavaScript 文件 hello.js

以上测试开发过程，使用记事本编写 TypeScript 源代码，用 tsc 命令编译 TypeScript 文件，用 node 命令运行生成的 JavaScript 文件，这样做显然效率过于低下，为了满足实际项目的开发要求，推荐使用 VisualStudio Code（简称 VSCode）开发工具。VSCode 是一款功能强大的轻量级开源代码编辑器，能够出色地支持 TypeScript。

1.2.4　安装 VSCode

打开 VSCode 官方网站，网站通常会识别用户使用的操作系统版本（如 Windows 10），单击 Download for Windows Stable Build 按钮可下载 VSCode 最新的稳定版，如图 1-20 所示。

图 1-20　进入 VSCode 官方网站下载最新稳定版

双击已下载文件 VSCodeUserSetup-x64-1.68.1.exe，进行安装。

在"许可协议"界面上，选中"我同意此协议"单选按钮，单击"下一步"按钮，如图 1-21 所示。

图 1-21　同意协议进行安装

在"选择目标位置"界面上，设置安装目录，然后单击"下一步"按钮，如图 1-22 所示。
在"选择开始菜单文件夹"界面上，保持默认选项，单击"下一步"按钮。
在"选择附加任务"界面上，保持默认选项，单击"下一步"按钮。
进入"准备安装"界面，单击"安装"按钮，进入正式安装步骤，如图 1-23 所示。

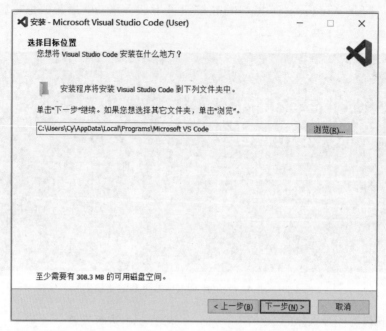

图 1-22 设置安装目录,继续安装

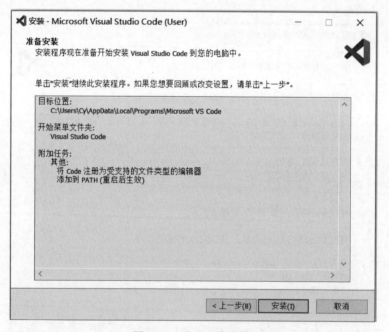

图 1-23 进入正式安装

单击"完成"按钮,结束 VsCode 工具的安装,如图 1-24 所示。

打开 VSCode 后可按个人喜好设置开发主题,如选择 File→Preferences→Settings 选项。在打开的窗口中,选择 Workbench→Appearance 选项,单击 ⌄ 下拉菜单,选择一个主题,如图 1-25 所示。

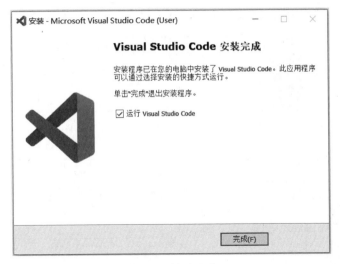

图 1-24　完成安装

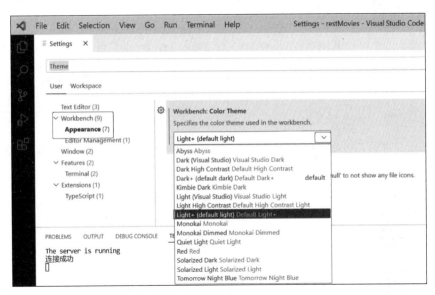

图 1-25　选择主题

1.2.5　测试 VSCode 环境

在 VSCode 环境中，选择 File→Open Folder 选项，打开之前创建的项目目录 C:\ts\vshello，如图 1-26 所示。

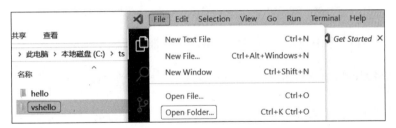

图 1-26　打开 TypeScript 开发项目的目录

单击"新建文件"图标 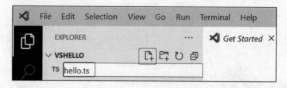，输入 TypeScript 文件名 hello.ts，如图 1-27 所示。

图 1-27　单击"新建文件"图标，输入测试文件名

在 hello.ts 文件中输入 TypeScript 代码，如图 1-28 所示。

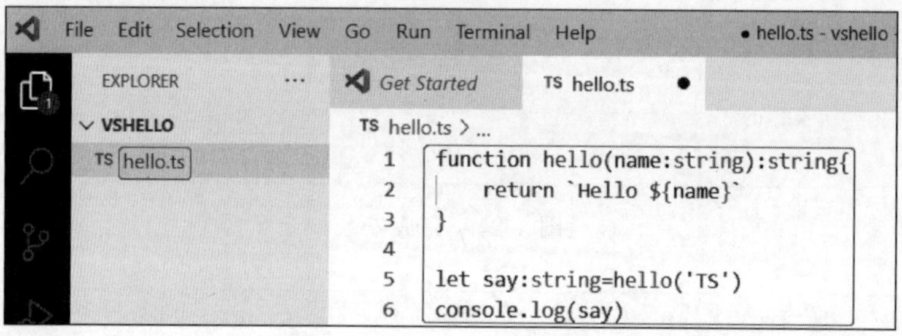

图 1-28　在 hello.ts 文件中输入 TypeScript 代码

选择 Terminal→New Terminal 选项，在 VSCode 中打开终端。在终端中输入如下命令：

```
tsc hello.ts
```

按下 Enter 键后，TypeScript 文件 hello.ts 会被编译成 JavaScript 文件 hello.js，如图 1-29 所示。

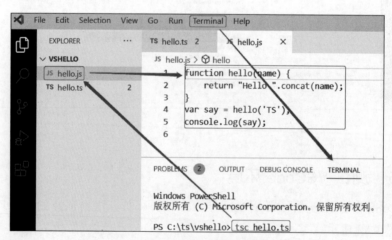

图 1-29　用 tsc 命令编译 .ts 文件从而生成 .js 文件

注意，使用 tsc 命令编译 .ts 文件时，若出现如下报错信息：

```
tsc：无法加载文件 ...\npm\tsc.ps1，因为在此系统上禁止运行脚本
```

则需以管理员身份运行 Windows PowerShell，在命令窗口中执行如下命令：

```
set - ExecutionPolicy RemoteSigned
```

然后输入 y 确认即可。

接下来,就可在终端中用 node 命令解释运行.js 文件了,如图 1-30 所示。

当然,JavaScript 文件能在 Node.js 宿主环境中解释运行外,也可在浏览器宿主环境中解释运行操作方法如下:

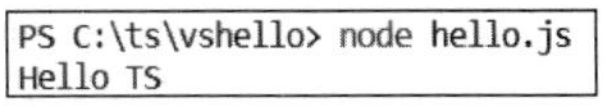

图 1-30 用 node 命令解释运行.js 文件

创建 hello.html 文件,用<script>标签将 hello.js 文件引入 HTML 文件,如图 1-31 所示。

图 1-31 将 hello.js 文件引入 HTML 文件

打开 Chrome 浏览器,按 F12 键进入"开发者工具"模式。打开 hello.html 文件,会发现 hello.js 脚本已被解释执行,在控制台输出了 Hello TS 信息,如图 1-32 所示。

图 1-32 浏览器解释执行 hello.js 脚本

1.2.6 配置 VSCode 自动编译.ts 文件

1. 生成和设置 TypeScript 项目配置文件

进入 VSCode 终端,在项目目录中输入 tsc--init,可生成 TypeScript 项目的配置文件 tsconfig.json,如图 1-33 所示。

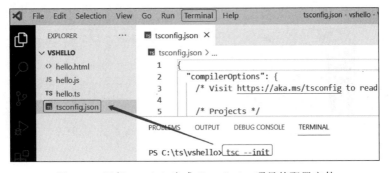

图 1-33 运行 tsc--init 生成 TypeScript 项目的配置文件

注意，在 tsconfig.json 文件中设置的编译规则对当前目录及其子目录有效。

打开 tsconfig.json，解除 outDir 行的注释，设置输出目录为"./js"，即编译生成的 JavaScript 文件将保存在该目录中，如图 1-34 所示。

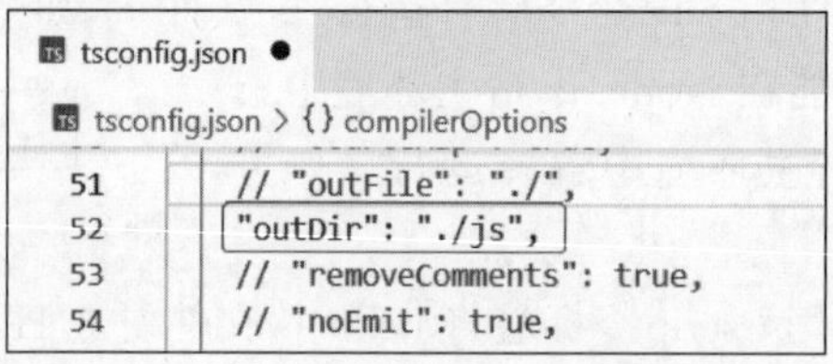

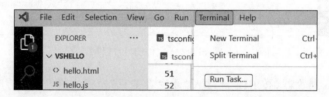

图 1-34　在 tsconfig.json 中设置 .js 的输出目录

2. 启动监听任务

启动监听任务，以实现实时监测 TypeScript（.ts）文件变化、使其自动编译为 JavaScript（.js）文件的功能。

选择 Terminal→Run Task 菜单命令，如图 1-35 所示。

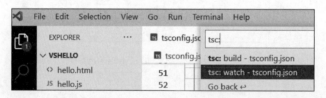

图 1-35　选择 Terminal→Run Task 菜单命令

在弹出的 Select the task to run 框中输入 tsc：，然后选择 tsc：watch-tsconfig.json 选项，如图 1-36 所示。

图 1-36　选择 tsc：watch-tsconfig.json 选项

注意，以上操作等同于在控制台输入命令 tsc-w，即监测 TypeScript（.ts）文件，在其发生变化时执行 tsc 编译命令。

此时，再创建 greet.ts 文件。输入代码，如 console.log() 语句，保存后该文件会自动编译，在 js 目录下生成 JavaScript 文件 greet.js，如图 1-37 所示。

图 1-37　自动编译 .ts 文件为 .js 文件并保持至 ./js 目录

1.2.7 配置 VSCode 的 Debug 环境

在开发目录下,添加需要单步调试的文件 DebugTest.ts。并在 DebugTest.ts 文件中输入若干行测试代码,如图 1-38 中间位置所示。

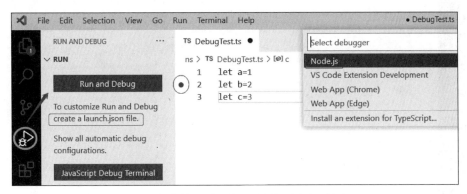

图 1-38　.ts 文件中输入测试代码,并设置测试环境为 Node.js

在图 1-38 中,单击左侧栏 Run and Debug 按钮,会显示对应 Run and Debug 配置窗体。单击窗体中的 create a launch.json file. 超链接,会弹出 Select debugger 输入框(见图 1-38 右侧),从中选择 Node.js,从而设置当前项目在 Node.js 环境中测试。

然后,打开 launch.json 文件,找到 outFiles 行,在该行上方输入:

```
"preLaunchTask": "tsc: build - tsconfig.json",
```

这样,每次启动项目之前,都会按照 tsconfig.json 文件指定的规则进行一次编译,以确保项目在运行之前就完成了构建工作,如图 1-39 所示。

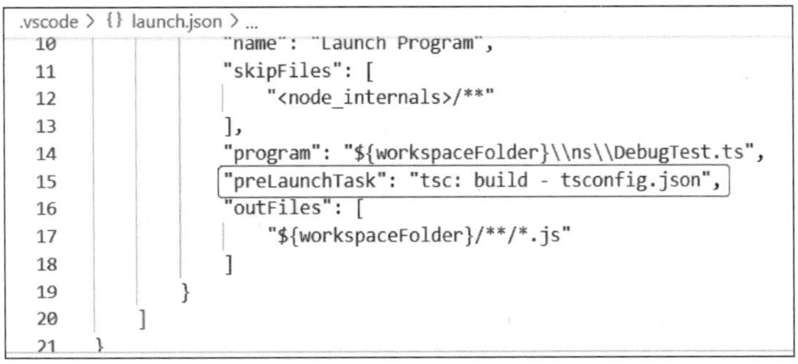

图 1-39　配置 preLaunchTask 值为 tsc:build-tsconfig.json

至此 Debug 环境配置完毕。

在 VSCode 工具中,单击左上角的 Start Debugging 按钮 ▷。此时,会出现 Debug 模式窗体,在窗体中可观察到本地变量值、断点停止位置等调试信息。单击"单步调试"按钮条上的相关按钮,就可实施代码调试工作了,如图 1-40 所示。

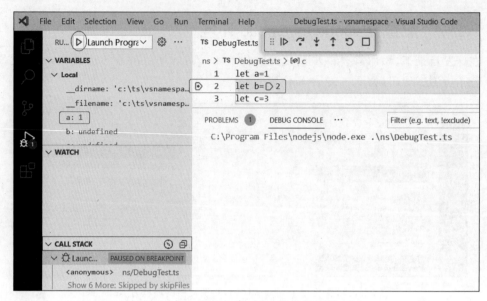

图 1-40　在 VSCode 中实施代码调试

1.3　实战闯关——环境搭建，初试开发

在环境搭建环节，需要掌握 Node.js、TypeScript 和 VSCode 的安装。

【实战 1-1】　安装 Node.js 和 TypeScript 并测试

搭建 TypeScript 开发环境，需要安装 Node.js，使用 Node.js 的 NPM 工具安装 TypeScript。之后就可使用 TypeScript 编译器 tsc 来编译.ts 文件，并将生成的.js 文件用 node 命令来解释运行。

实践步骤：

（1）安装 Node.js。在 Node.js 的官方网站上下载 Node.js，双击进行安装。

（2）安装 TypeScript。

（3）创建 TypeScript 文件 first.ts。用 console.log() 函数输出"ts 问好世界"。

（4）使用 tsc 命令编辑 first.ts。注意观察，看是否生成了 first.js 文件。

（5）使用 node 命令解释运行 first.js。

【实战 1-2】　搭建 VSCode 开发环境

安装集成开发工具 VSCode，实现项目的高效开发。

在 VSCode 中直接编写 TypeScript 代码，并用终端命令 tsc 和 node 进行编译和执行，也可以将生成的.js 文件引入.html 中，在浏览器中解释执行。

实践步骤：

（1）安装 VSCode。在 VSCode 的官方网站上下载 VSCode，双击进行安装。

（2）处理"禁止 tsc 在终端运行"问题。

（3）配置自动编译功能。

（4）创建 TypeScript 文件 second.ts。用 alert() 函数输出"ts 问好世界啦"。保存后观

察，是否自动生成 second.js 文件。

(5) 使用 node 命令解释运行 second.js。

(6) 创建 second.html。在 second.html 中引入 second.js 文件。

(7) 使用浏览器运行 second.html。注意观察，看是否有"ts 问好世界啦"弹出框弹出。

【**实战 1-3**】 搭建 VSCode Debug 环境

安装 VSCode 后，建议在 VSCode 中配置 Debug 模式。当逻辑出现问题时，可使用 Debug 模式进行观察和排错。

实践步骤：

(1) 在测试代码中加入断点。

(2) 单击左侧栏中的 Run and Debug 按钮，单击 create a launch.json file. 超链接，选择 Node.js 作为运行环境。

(3) 在 launch.json 文件中加入 "preLaunchTask"："tsc：build-tsconfig.json" 配置项。

(4) 单击 Start Debug 按钮，进入 Debug 模式调试程序进行调试。

第 2 章

基础语法

掌握语法是进行项目开发的基础。TypeScript 语法主要包括：注释、标识符、关键字、类型、变量、操作符、表达式、语句、函数、对象、元组、接口、类、名称空间、模块等。本章先学习其中的一些基础语法。

2.1 编程基础

TypeScript 是区分大小写的。

TypeScript 中的语句可通过换行分割，在没有歧义的情况下，可以省略分号。但若一行中有多条语句时，则需要使用分号进行分割。

作为基础中的基础，注释、标识符、关键字、基础类型、变量、常量以及常见操作符都是必须首先掌握的。

视频讲解

2.1.1 注释

注释（comment）一般用于为代码添加描述性信息，增强代码的可读性和可维护性。

在 TypeScript 中，注释有单行注释和多行注释两种。

（1）/* */ 用于多行注释。以 /* 开始，以 */ 结束，支持换行。

（2）// 用于单行注释，不支持换行。

另外，/** */ 属于多行注释，用于注释类、函数、属性，通过提供更详细的文档说明，有助于提高代码的可读性和可维护性。在 IDE 环境（如 VSCode）中使用时，会出现相应的注释提示。

【例 2-1】 单行注释与多行注释

```
1.    /**
2.     * 返回 Hello 字符串
3.     * @param name
```

```
4.    * @returns
5.    */
6.   function hello(name: string): string {
7.       return `Hello ${name}`
8.   }
9.   /*   js 函数,
10.          不指定参数类型,用波浪线提示语法有误
11.   */
12.  function reverse(name) {
13.      return name.split('').reverse().join('')
14.  }
15.  let sayReverse = reverse('TypeScript')
16.  let say: string = hello('TypeScript')              // 单行注释
```

在 VSCode 开发环境中,当输入用/** */注释的类名、函数名或属性名时,或将鼠标移至用/** */注释的类名、函数名或属性名上时,会出现注释提示。将鼠标移至用/** */注释的函数名 hello 上时,出现了注释提示,如图 2-1 所示。

图 2-1 将鼠标移至用/** */注释的函数名上时,会出现注释提示

2.1.2 标识符

标识符(identifier)是一种用来标识和引用实体(如变量、函数、参数、类、属性等)的字符串。通过标识符可以对这些实体进行操作和调用。

在 TypeScript 编程语言中,标识符是有一定的命名要求和规范约束的。

1. 标识符命名的要求

(1) 只能包含字母、下画线_、美元符号 $ 或数字,不能包含@、%等特殊字符。

标识符中可以包含字母、下画线_、美元符号 $ 或数字,比如 post1_ $,但不能包含@、%等特殊字符,因为这样会造成语法错误,导致程序报错。

(2) 首字符可以是字母、下画线_、美元符号 $,但不能是数字。

以字母开头的标识符最为常见,如:book、getBook、Book;

以下画线开头的标识符,如:_id、_subTitle、_Helper;

以美元符号开头的标识符并不常见,它们具有某些特殊用途,比如在编译后的代码中使用如:$tmp、$specialPay;

以数字开头的标识符会导致语法错误,应该避免使用。

(3) 关键字不能用作标识符。

if、for、class 等是关键字(Keyword)。作为保留词,它们已经被赋予了控制流程、定义类等特定含义和功能,不能用作自定义的标识符。在代码中尝试将关键字用作标识符时,程序将会抛出错误。TypeScript 的常见关键字如表 2-1 所示。

2. 标识符的规范

(1) 要用有意义的单词来定义标识符,如 name、password 等。

(2) 类名遵循 Pascal 命名规范,即首字母大写的大驼峰规范,如 Order、OrderDetails。

(3) 函数名、变量名、属性名遵循首字母小写的小驼峰规范,如 addProduct、price、totalPrice。

总体来说,遵循标识符命名规范是编写高质量代码的重要前提。遵循标识符规范,可以提高代码的可读性、可维护性和可重用性,使代码更易理解、修改和调试。规范的标识符命名可以准确传达其用途和含义,有助于开发者快速理解代码的功能和逻辑。此外,规范的标识符命名还能够避免命名冲突,确保在同一作用域中的标识符不会重复使用。

2.1.3 关键字

关键字是编程语言中事先定义的、已被赋予特殊含义的单词。例如,class 关键字用于定义类,number 用于指定数值类型的变量,等等。TypeScript 关键字如表 2-1 所示,此处不展开介绍关键字的作用,在后续章节中遇到相应的关键字时再做说明。

表 2-1 TypeScript 关键字

let	var	const	any	unknown	number	bigint
string	boolean	enum	null	undefined	void	never
symbol	true	false	typeof	instanceof	as	if
else	switch	case	default	while	do	for
in	of	break	continue	function	return	set
get	class	constructor	new	this	super	static
extends	abstract	interface	implements	public	protected	private
readonly	object	type	try	catch	throw	finally
async	await	namespace	module	export	import	declare
yield	keyof					

视频讲解

2.1.4 基础类型

在 TypeScript 项目开发中,建议使用类型注解(又被称为类型批注、类型声明)对常量、变量、函数的参数、函数的返回值等添加类型声明,以达到类型约束的作用。例如,代码 let age:number 约定变量 age 的类型为 number。因此,可以为 age 能赋数值类型的值,如 age=9。但赋其他类型的值,如 age='9',则会因与注解类型不匹配而报错。

TypeScript 包括的数据类型较多,如:any(任意类型)、unknown(不明类型)、number(数值类型)、bigint(任意长度整数类型)、string(字符串类型)、boolean(布尔类型)、数组类型、元组类型、enum(枚举类型)、对象类型、null(空引用类型)、undefined(未定义值类型)、void(函数无返回)、never(不存在)、symbol(独一无二值)等。

在以上基础类型中，string、boolean、number、bigint、symbol、null、undefined 和 never 类型为原始类型(primitive type)。而数组、元组、枚举等类型则具有引用和复合特征，属于对象类型(object types)。

1. any 类型和 unknown 类型

(1) any 代表任意类型。

任何类型的值都可赋值给 any 类型的变量。当变量类型不明确时，可指定其为 any 类型，这样编译器就会跳过类型检查环节。

【例 2-2】 any 类型变量

```
1.    let input : any
2.    input = 123
3.    input = 'ada'
4.    input = true
```

第 1 行，声明变量 input 的类型为 any，因此后面 3 行分别设置 input 的值为 number、string、boolean 类型都没有问题。实际上，如果不声明变量类型，其默认类型就是 any，如果将第 1 行代码改为 let input，那么 input 变量类型默认为 any。

虽然 any 很灵活，可以为用 any 指定的变量赋予任何类型的值，但这也令类型检查失去作用，因此在实际开发中应尽量避免这样做。

(2) unknown 代表不明类型。

和 any 很相近，任何类型都可赋值给 unknown 变量，但它比 any 更严格些：如 unknown 变量不能赋值给其他类型变量，不能调用 unknown 变量的属性和函数。

【例 2-3】 unknown 类型变量

```
1.    let x : unknown
2.    x = true                      //和 any 一样，任何类型都可赋值给 unknown 类型变量
3.    x = 'a'
4.    x = 1
5.    //let y : number = x          //number 类型变量不能被赋予 unknown 类型变量
6.    let z : unknown = true
7.    x = z                         //unknown 类型变量可以被赋予 unknown 类型变量
8.    let a : any = x
9.    let animal : unknown = { age:0, eat:():void =>{ } }
10.   //animal.age = 3              //Property 'age' does not exist on type 'unknown'
11.   //animal.eat()                //Property 'eat' does not exist on type 'unknown'
```

第 1 行，声明变量 x 的类型为 unknown。

第 2～4 行，因为 x 为 unknown 类型，而 unknown 类型和 any 类型类似，任何类型的值都可以被赋予这两种类型的变量。因此分别赋予变量 x boolean 类型值 true、string 类型值 'a' 和 number 类型值 1，都没有问题。

第 5 行，将 unknown 类型 x 变量值赋值给 number 类型变量 y，程序会报错：

```
Type 'unknown' is not assignable to type 'number'
```

这是因为unknown变量值只能赋值给unknown和any类型的变量,不能赋值给其他类型的变量。

第7~8行,将unknown类型变量赋值给unknown和any类型变量,是允许的,没有语法问题。

第9~11行。第9行定义了对象,该对象拥有age属性和eat()函数。但在第10行和第11行分别获取age属性和eat()函数时,都会报错:

```
Property '...' does not exist on type 'unknown'
```

这是因为第9行定义的变量animal被声明为unknown类型,但unknown类型变量的属性和函数不允许被调用。

2. number代表数值类型

在TypeScript中,数值类型是不区分整数和小数的,会将它们统一为number类型。number类型内部用浮点格式存储变量值,并可用十进制、二进制、八进制、十六进制形式来表示。

【例2-4】 number类型变量

```
1.   let price : number = 9.9                //小数
2.   let count : number = 666                //整数
3.   count = 0b1010011010                    //二进制 0b 或 0B 前缀
4.   count = 0o1232                          //八进制 0o 或 0O 前缀
5.   count = 0x29A                           //十六进制 0x 或 0X 前缀
```

第1行,声明变量price为number类型,并设置其值为小数9.9。

第2行,声明变量count为number类型,并设置其值为整数666。

第3~5行,分别设置变量count的值为二进制、八进制、十六进制数值。注意不同前缀的使用:二进制以0b或0B为前缀;八进制以0o或0O为前缀;十六进制以0x或0X为前缀。

3. bigint代表任意长度整数

使用number类型表示整数时,整数的取值范围只能是$-(2^{53}-1) \sim 2^{53}-1$,进行高精度计算时还会出现溢出问题。为弥补这一缺陷,TypeScript引入了任意长度整数类型bigint。

定义bigint类型整数时,需在字面值后面添加字符n。

【例2-5】 bigint类型变量

```
1.   let n : number = 9007199254740991       // 即 Number.MAX_SAFE_INTEGER 的值
2.   console.log(n * 10)                     // 返回 90071992547409900,为不精确值
3.   let bi : bigint = 9007199254740991n
4.   console.log(bi * 10n)                   // 返回 90071992547409910n,为精确值
```

第 1 行和第 3 行,声明两个变量 n 和 bi,类型分别为 number 和 bigint。注意,第 3 行在对 bigint 类型变量赋值时,需要在字面值后添加字符 n。

第 2 行和第 4 行,分别计算 number 和 bigint 类型变量乘以 10 的结果。

执行结果为:

```
90071992547409900
90071992547409910n
```

从结果可知,number 类型的值存在溢出问题,导致结果不精确。然而,bigint 类型的值则不存在这个问题,其结果是精确的。

注意,如果编译时出现如下报错:

```
BigInt literals are not available when targeting lower than ES2020.
```

可以将 tsconfig.json 文件中的 target 参数值修改为"es2020",即可解决这个问题。因为 bigint 是 ES2020 标准的新增语法,通过设置目标编译版本为"es2020",就可以使用 bigint 类型了。

4. string 代表字符串类型

在 TypeScript 中,可以使用成对的单引号'或双引号"来表示字符串类型。

此外,TypeScript 还支持模板字符串的使用,模板字符串是由反引号`包裹的字符串。模板字符串不仅可以跨越多行,而是支持在字符串中嵌入表达式(即 ${exp}形式的嵌入表达式,其结果会与其他字符串拼接在一起)。

【例 2-6】 string 类型变量

```
1.  let preLang : string = "TypeScript"
2.  let postLang : string = 'JavaScript'
3.  let compiler : string = `tsc`
4.  console.log(`通过 ${compiler},
5.    可将 ${preLang}
6.    编译为 ${postLang}`)
```

第 1~3 行,声明 3 个变量为 string 类型,且分别用双引号、单引号和反引号包裹的字符串为其赋值。

第 4~6 行,在 console.log()函数中使用反引号包裹的字符串,并且对该字符串进行了换行,以及使用了内嵌表达式。

执行结果为:

```
1.  通过 tsc,
2.    可将 TypeScript
3.    编译为 JavaScript
```

注意,在内嵌表达式 ${}中可以进行计算和调用函数,但不能在其中包含语句,只能包含能够返回值的表达式。

【例 2-7】 不能在内嵌表达式中包含语句

```
1.   let price : number = 100
2.   console.log(`75折后,价格为: ￥${price * 0.75}`)
3.   console.log(`${Math.ceil(Math.random() * 10)}`)
4.   //console.log(`${let rdn = Math.random(); rdn = ceil(rdn * 10);}`) //语法错:语句非表达式
```

第 2 行,内嵌表达式中有算术运算,但整体上仍是个表达式,因此语法没有问题。

第 3 行,使用了 Math 类的 ceil() 和 random() 函数,但整体上仍是个表达式,因此语法没有问题。

第 4 行,内嵌表达式中出现了语句,这是不符合语法规范的,因此程序会报错。

5. boolean 代表布尔类型

boolean 类型用于表示逻辑实体,只有两个值:代表"真"的 true 和代表"假"的 false。

【例 2-8】 boolean 类型变量

```
1.   let isActive : boolean = false
2.   console.log(`${isActive? '账号可用' : '账号需激活'}`);          // 输出:账号可用
```

第 1 行,声明变量 isActive 为 boolean 类型。

第 2 行,在条件表达式中判断变量 isActive 的布尔值,当值为 true 时返回"账号可用",否则返回"账号需激活"。

注意,在进行条件判断时,大多数类型的值通常会被判定为 true,但是 null、数值 0、空字符串 '' 和 undefined 会判定为 false。

【例 2-9】 类型值可以被判定为 true 或 false

```
1.   if(!null)
2.       console.log('null 可被视作 false')
3.   if(!0)
4.       console.log('0 可被视作 false')
5.   if(!'')
6.       console.log('空字符串 可被视作 false')
7.   if(!undefined)
8.       console.log('undefined 可被视作 false')
9.   if(1)
10.      console.log('其他值 可被视作 true')
```

执行结果为:

```
null 可被视作 false
0 可被视作 false
空字符串 可被视作 false
undefined 可被视作 false
其他值 可被视作 true
```

6. 数组类型

数组(array)是一种用于存储相同类型数据的数据结构。

假设要存储 3 个成绩值，可以声明 3 个 number 类型的变量，如下所示：

```
let score1:number, score2:number, score30:number
```

但如果要存储 30 个成绩值呢？声明 30 个 number 类型变量的方式显然过于烦琐，实际上，如果用数组变量进行处理要简洁得多。如下所示：

```
let scores:number[] = new Array<number>(30)
```

TypeScript 有两种定义数组的方式。一种是在元素类型后加符号[]，另一种是在定义泛型类时使用 Array 声明数组类型。另外，数组中的元素可通过下标进行访问。

【例 2-10】 数组的两种定义方式和数组中元素的访问

```
1.  let score1 : number, score2 : number, score3 : number
2.  let pysScores : number[] = [66,72,81]
3.  let mathScores : Array<number> = new Array(66,72,81)
4.  mathScores[0] = mathScores[0] * 1.2
5.  mathScores[3] = 99           //TypeScript 中的数组是自动增长的，不会出现下标越界问题
6.  console.log(mathScores);     //[ 79.2, 72, 81, 99 ]
```

第 1 行，可在一行上定义多个变量，但需要在每个变量后声明其类型，这种方法比较烦琐。

第 2 行，使用符号[]来标识数组变量 pysScores，并直接为 3 个数组元素赋值。

第 3 行，使用泛型的方式标识数组变量 mathScores，并使用泛型类 Array 的构造函数来创建数组对象。

第 4 行，通过下标获取数组元素的值，并通过下标为元素重新赋值。注意，下标从 0 开始。

第 5 行，原来的 mathScores 数组中有 3 个元素（下标分别为 0、1、2）。现在为下标 3 对应的元素赋值 99。注意，此时没有发生下标越界问题，因为 TypeScript 会自动给数组增加一个元素。

多维数组（multi-dimensional array）可被视作数组的数组。例如，二维数组是一种特殊的一维数组，其中每个元素都是一个一维数组。换言之，二维数组可以被视作由多个一维数组组成。更高维度数组的情况可以以此类推。

【例 2-11】 二维数组的定义和对数组元素的访问

```
1.  let ary2d : number[][] = [ [66,72,81],
2.                             [77,83], ]
3.  console.log(ary2d[0])
4.  console.log(ary2d[1])
5.  console.log(ary2d[0].length)
6.  console.log(ary2d[0][1])
```

第 1～2 行，定义一个二维数组 ary2d。声明其类型为 number[][]，[][]表明该变量是一个二维数组，而 number 代表每个二维数组的元素都是 number 类型的。第 1 行定义了 3 个

元素,第2行定义了两个元素,这种在每一行上由于元素个数不同而呈现锯齿状的写法是允许的。第1行和第2行可不用分成两行,但建议分行写,分行的写法会令二维数组的结构更加清晰易读。

第3~4行,分别输出ary2d[0]和ary2d[1],结果分别对应一个一维数组。

第5行,因为ary2d[0]是个数组,所以此处代码ary2d[0].length返回数组ary2d[0]中的元素个数。

第6行,通过指定各维度的下标值,可找到多维数组中对应的元素。此处访问的是第0行、第1列的元素。

执行结果为:

```
[ 66, 72, 81 ]
[ 77, 83 ]
3
72
```

7. 元组类型

元组(tuple)可被视作一种特殊类型的数组,用于表示已知元素数量和类型的数组。与普通数组不同的是,元组中的各个元素可以具有不同的类型。另外,元组的长度是固定的,这也意味着元组不支持动态添加或删除元素,因此存在越界问题。

【例2-12】 元组类型变量定义、赋值和访问

```
1.      let nameAge : [string, number]
2.      nameAge = ['Ada', 18]
3.      console.log(nameAge)               // [ 'Ada', 18 ]
4.      console.log(nameAge[0])            // Ada,同数组一样,通过下标访问元素
5.      //nameAge[2] = 3                   // Type '2' is not assignable to type 'undefined'.
```

第1行,声明元组类型变量nameAge,它有两个元素,其中下标0位置的元素为string类型、下标1位置的元素为number类型。

第2行,对元组类型变量进行赋值,注意,值类型与声明的元素类型要一致。

第3行,用console.log()函数输出元组变量值,可发现变量值的输出格式和数组是类似的。

第4行,与数组类似,可通过下标访问元组中的元素。

第5行,执行时程序会报错:

```
Type '2' is not assignable to type 'undefined'.
```

因为nameAge为元组类型,而元组的长度是固定的,并不支持动态添加元素,因此访问下标为2的元素时出现了越界问题。

8. enum 代表枚举类型

枚举(enumeration)是一种为常量集合命名的数据类型。通过声明枚举类型的变量,可以为一组相关的常量分配有意义的标识符,并使用这些标识符来引用这些常量,从而提高代

码的可读性。

如果没有指定枚举成员的值,那么其默认值会从 0 开始,并按顺序自动增加。当然,也可以显式地指定枚举成员的值。

【例 2-13】 成员值为数值的枚举变量的定义和使用

```
1.    enum RGB{ Red, Green, Bule }
2.    let color : RGB = RGB.Red
3.    console.log(color);                    //0
4.
5.    enum RGB16{ Red = 0xFF000, Green = 0x00FF00, Bule = 0x0000FF }
6.    console.log(RGB16.Bule); //255
```

第 1 行,用 enum 关键字定义一个枚举变量 RGB。它有 3 个元素,因为没有指定数值,所以这 3 个元素的默认值为 0、1、2。当调用 RGB.Red、RGB.Green、RGB.Bule 时,实际返回值为分别 0、1、2。

第 2~3 行,将 RGB.Red 赋值给变量 color,用 console.log()函数进行输出时,会发现 color 的值为 0。

第 5 行,用 enum 关键字定义枚举变量 RGB16,同时对成员进行赋值。注意,若此时只给第一个成员赋值,而没有给后面的成员赋值,那么后面的成员的值会依次自动递增加 1。

第 6 行,用 console.log()函数输出 RGB16.Bule 值,结果为 255,即十六进制值 0x0000FF。

在 TypeScript 中,可以使用反向映射(reverse mapping)机制,通过枚举成员的值获取对应的枚举成员的名称。

【例 2-14】 利用反向映射获取枚举成员的名称

```
1.    enum RGB{ Red, Green, Bule }
2.    console.log(RGB[1])
```

第 1 行,定义一个枚举变量 RGB。
第 2 行,通过枚举变量名称加下标的方式,获取对应的枚举成员的名称。
执行结果为:

```
Green
```

注意,枚举成员的值,除了数值外,也可以是字符串。

【例 2-15】 成员值为字符串的枚举变量的定义和使用

```
1.    enum direction{
2.      up = '上',
3.      down = '下',
4.      left = '左',
5.      right = '右'
6.    }
7.    let d : direction = direction.up
8.    console.log(d)                         //上
```

第 2~5 行,为枚举变量 direction 的 4 个成员赋予字符串值。
第 8 行,用 console.log()函数输出 direction.up 的值,输出结果为字符串"上"。

9. 对象类型

在 JavaScript 中,可以使用对象字面量(object literal)语法创建一个对象。该语法是用一对花括号{}将属性和函数包裹起来,而属性和函数则以键值对的形式进行组织。在 TypeScript 中,这种间接形式常用于创建对象。

【例 2-16】 使用对象字面量语法创建对象

```
1.    let ada = {
2.        name : 'Ada',
3.        age : 18,
4.        show(): string { return `${ada.name}年龄${ada.age}` }
5.    }
6.    console.log(ada.show())                    //Ada 年龄 18
```

第 1~5 行,用花括号{}创建了对象类型变量 ada,并在花括号内以键值对形式定义了 2 个属性和 1 个函数。注意,成员之间用逗号分隔。

第 6 行,用点号访问对象的函数。例如,ada.name 和 ada.age 分别访问了 ada 对象的 name 和 age 属性,而 ada.show()代码访问了 ada 对象的 show()函数。

在 TypeScript 中,可先用类型注解来约束对象类型的结构,再按类型结构创建对象。语法如下:

```
对象名 : {
    属性名 1 : 类型 1
    属性名 2 : 类型 2
    …
    函数名 1(参数) : 返回类型 1
    函数名 2(参数) : 返回类型 2
    …
}
```

【例 2-17】 先约束对象类型的结构,再按类型结构创建对象

```
1.    let ada : {
2.        name : string
3.        age : number
4.        show() : string
5.    } = {
6.        name : 'Ada',
7.        age : 18,
8.        show() : string{ return `${ada.name}年龄${ada.age}` }
9.    }
10.   console.log(ada.show())                    // Ada 年龄 18
```

第 1~5 行,对变量 ada 的对象类型结构进行约束:必须包含 2 个属性和 1 个函数。
第 5~9 行,按照约束的对象类型结构,为对象的属性赋值并实现函数功能。

在实际开发中,通常使用接口或类型别名,先将对象类型结构单独定义出来。

【例 2-18】 使用接口或类型别名定义对象类型的结构

```
1.   interface IConfig {
2.       url : string
3.       port : number
4.   }
5.   type Config = {
6.       url : string
7.       port : number
8.   }
9.   let conf1 : IConfig = { url: "http://127.0.0.1", port: 80 }
10.  let conf2 : Config = { url: "http://localhost", port: 80 }
```

第 1~4 行,定义接口 IConfig,在接口内部定义 2 个属性 url:string 和 port:number。

第 5~8 行,为对象类型{url:string, port:number}起了类型别名 Config。

第 9~10 行,分别将 conf1 和 conf2 变量约束为接口类型 IConfig 和 IConfig 的别名 Config 类型。

注意,有关接口和类型别名的更详细介绍,可分别参考 3.5 节和 6.5.3 节相关内容。

如果对象类型中有些属性是可选的,即有些场合需要该属性但有些场合不需要时,则可使用问号?对该属性进行标识。

【例 2-19】 可选属性的使用

```
1.   function readCfg(config : {url: string, port ?: number} ){
2.       console.log(config)
3.   }
4.   readCfg({url:'https://127.0.0.1'})              //{ url: 'https://127.0.0.1' }
5.   readCfg({url:'https://localhost', port:443}) //{ url: 'https://localhost', port: 443 }
```

第 1 行,参数变量 config 为对象类型,其中的 port 属性后有个问号,为可选参数。

第 4~5 行,调用函数 readCfg()时,第一次使用了 port 属性,第二次没有使用,语法都没有问题。

10. null 与 undefined 类型

TypeScript 有两个关键字:null 与 undefined,它们都代表不存在的值。

null 是一种明确的值,表示一个空对象引用,或代表对象缺失值。

undefined 是从 null 派生出来的,表示一个变量已经声明但尚未被赋值,或一个属性存在但没有被赋值。它通常表示缺少明确的值。

在某些情况下,undefined 和 null 被视为同义,有时可以互换使用。

【例 2-20】 null、undefined 类型的使用

```
1.   let proName:null = null
2.   let proType:undefined = undefined
```

在实际开发中,一般不单独声明变量类型为 null 或 undefined 类型,通常会和其他类型

一起进行联合声明,即变量既可以是某些类型也可以为 null 或 undefined 类型。

【例 2-21】 null 或 undefined 和其他类型一起进行联合类型声明

```
1.    let bookName : string | null = null;
2.    let bookPrice : number | undefined = undefined;
3.    bookName = 'Java 程序设计与实践'
4.    bookPrice = 49
```

第 1 行,声明变量 bookName 的类型可为 string 或 null,并为其赋值 null。注意,在 TypeScript 中,可将多个类型用竖线|连接起来,形成的类型被称为联合类型。联合类型表示一个变量可以是多种类型中的任意一种。

第 2 行,声明变量 bookPrice 的类型可为 number 或 undefined,并为其赋值 undefined。实际上,此时如果只定义不赋值,其值默认就是 undefined。

第 3～4 行,分别将字符串和数值赋值给 bookName 和 bookPrice 变量。

注意,在配置文件 tsconfig.json 中,可将"strict":true 配置项注释掉,这样一来,其他类型的变量就可以被直接赋予 null 和 undefined 值了。当然,为严谨起见,还是建议启用"strict":true 配置项。

在变量后加感叹号!,用于通知编译器不对 null 和 undefined 做显式的类型检查。

【例 2-22】 对 null 和 undefined 不做类型检查

```
1.    let bookName : string | null | undefined
2.    let objectName : string
3.    //objectName = bookName
4.    objectName = bookName!
```

第 3 行,将 bookName 赋值给 objectName 变量,会出现如下报错信息:

```
Type 'string | null | undefined' is not assignable to type 'string'.
Type 'undefined' is not assignable to type 'string'.
```

第 4 行,在 bookName 后加感叹号!,会绕开类型检查,就不会出现语法问题了。

11. void 类型

void 表示函数返回值为"空类型","空类型"并不是"任意类型",而是表示函数返回值不存在,即函数没有返回值。

【例 2-23】 用 void 表示函数没有返回值

```
1.    function show(obj : any) : void{
2.        console.log(obj);
3.    }
```

第 1 行,show()函数后用 void 关键字进行声明,代表函数没有返回值。

12. never 类型

never 类型表示"永远不会出现的值"的类型,它是所有类型的子类型。作为一个最底层的类型,never 类型可以被赋值给其他任何类型,但是其他类型不能被赋值给 never 类型。

视频讲解

never 作为函数的返回值类型时,代表函数必须存在无法达到的终点,通常适用于函数会抛出异常或函数包含一个无限循环的情况。

【例 2-24】 用 never 声明返回值类型

```
1.    function noStop() : never {          //函数无法达到终点(如无限循环)则可用 never 声明
2.        while(true){}
3.    }
4.    function err(msg : string) : never{   //函数无法达到终点(如抛出异常)则可用 never 声明
5.        throw new Error(msg)
6.    }
```

第 1～3 行,noStop()函数内有无限循环语句,因此函数执行无法达到终点,此时可用 never 声明返回值类型。

第 4～6 行,err()函数内用 throw new Error()抛出错误,因此函数执行无法达到终点,此时可用 never 声明返回值类型。

注意,void 表示函数没有返回值。虽然使用 never 声明返回值类型的函数也没有返回值,但二者意义不同。never 往往代表着代码执行遇到非正常的情况,造成无法到达终点。

13. symbol 类型

symbol 类型的值表示独一无二的值。

使用 Symbol()函数可创建 symbol 值。可以为 Symbol()函数传入字符串类型的参数,用于提高代码的可读性,但即使为该函数传入相同的参数值,也得不到相同的 symbol 值。也可以通过为 Symbol.for()函数传入字符串类型的参数创建 symbol 值,此方法会先在全局范围内搜索是否存在此字符串注册的 symbol 值,若不存在,则创建一个新的 symbol 值,若存在,则返回该值。Symbol.keyFor()函数用于返回 symbol 值对应的注册字符串。

【例 2-25】 symbol 类型变量的使用

```
1.    let s1 : symbol = Symbol()
2.    console.log(s1, typeof s1)                    // Symbol() symbol
3.    let s2 : symbol = Symbol()
4.    console.log('s1 == s2', s1 == s2)             //s1 == s2 false
5.    let y1 : symbol = Symbol('产生唯一标识')       //传值为增加可读性,即使传入相同的参数
                                                    //值也不会相等
6.    let y2 : symbol = Symbol('产生唯一标识')
7.    console.log('y1 == y2', y1 == y2);            //y1 == y2 false
8.    let b1:symbol = Symbol.for('产生唯一标识')     //当 symbol 值存在时返回该值,否则创建
                                                    //symbol 值
9.    let b2:symbol = Symbol.for('产生唯一标识')     //此处存在了 symbol 值,所以返回了该值
10.   console.log('b1 == b2', b1 == b2)             //b1 == b2 true
11.   console.log(Symbol.keyFor(b2))                //返回 symbol 变量 b2 对应的 key 值"产生唯一标识"
```

第 1 行和第 3 行,声明 s1、s2 变量为 symbol 类型,然后分别用 Symbol()函数返回一个 symbol 值。这两个值显然都是独一无二、互不相同的,所以第 4 行判断 s1＝＝s2 的结果为 false。

第 2 行,输出 s1 的值,结果为 Symbol()。另外,用 typeof 判断 s1 的类型,结果为 symbol。

第 5～6 行,Symbol()函数带上了字符串参数,实际上,带上字符串参数只为了增加可读性。即使为该函数传入相同的参数值也无法得到相同的 symbol 值。所以第 7 行判断 y1==y2 的结果为 false。

第 8～9 行,第 8 行 Symbol.for('产生唯一标识')代码创建了"产生唯一标识"键对应的 symbol 值,并进行了注册。而第 9 行相同的 Symbol.for('产生唯一标识')代码,则会在全局范围内搜索已注册"产生唯一标识"键的 symbol 值,从而返回该值。这两个 symbol 值显然是相同的,因此第 10 行比较 b1 和 b2 值的结果为 true。

第 11 行,用 Symbol.keyFor(b2)函数返回 symbol 变量 b2 对应的键,此处返回字符串值"产生唯一标识"。

执行结果为:

```
1.    Symbol() symbol
2.    s1 == s2 false
3.    y1 == y2 false
4.    b1 == b2 true
5.    产生唯一标识
```

视频讲解

2.1.5 变量

变量可以被视作存储数据值的容器。通过声明变量,给值一个有意义的标识符。这样就可以在代码的不同位置引用该值,从而执行计算、修改或将值传递给函数等操作。

1. 变量声明

在 TypeScript 中,变量必须先声明,然后才能对变量进行赋值、修改值等操作。

变量声明的一般格式为:

```
let 变量名 : 类型
```

【例 2-26】 变量声明及赋值

```
1.    let s : string | undefined
2.    console.log(s)                    //undefined
3.    let n : number
4.    n = 18
5.    //n = '十八'                       //Type 'string' is not assignable to type 'number'
6.    let b : boolean = true
7.    let u = 'TypeScript'
8.    console.log(typeof u);            //string
9.    //undef = 7                       //cannot find name 'undef'
```

第 1～2 行,声明变量 s 的类型为 string 或 undefined,但没有给变量 s 赋值。此时用 console.log()函数输出 s 的值,结果为 undefined,即未对变量进行显式赋值时,其默认值为

undefined。

第 3～4 行,声明变量 n 的类型为 number,并为其赋值 18。注意,赋予变量的值类型与变量声明的类型不符,会导致类型错误,比如第 5 行将 string 类型值赋予变量 n,程序会报错:

```
Type 'string' is not assignable to type 'number'
```

第 6 行,声明变量 b 的类型为 boolean,并直接为其赋值 true。

第 7～8 行,用 let 声明变量 u,但没有明确地指定其类型,直接为其赋值字符串 'TypeScript'。此时 TypeScript 会推断变量 u 的类型为 string,因此用 typeof 判断 u 的类型时,结果为 string。

第 9 行,将值 7 赋予未声明的变量 undef,程序会报错:

```
cannot find name 'undef'
```

这是因为,在 TypeScript 中,不能直接操作未声明的变量。

关于变量的一些常见结论:

(1) 变量在使用前需要先声明,否则程序会报错。
(2) 变量在声明后没有被赋值,其默认值为 undefined。
(3) 为变量赋予的值类型必须与变量在声明时指定的类型一致,否则程序会报错。
(4) 声明变量时可不指定其类型,直接为其赋值,TypeScript 会根据变量值推断变量类型。

2. let、var 和 const

使用 var 关键字可以声明变量,但存在如下一些问题:

(1) 内层变量可能覆盖外层变量:使用 var 声明的变量在整个函数作用域内都是可见的,而不仅仅是在声明的块级作用域内可见。这可能导致内层变量意外地覆盖了外层变量。

(2) 循环变量会因泄露成为全局变量:在循环中使用 var 声明的变量会泄露到循环外部的作用域,成为全局变量。这意味着,在循环内部声明的变量可能在循环外部访问到,从而引发意外的结果。

为了解决以上问题,建议使用两个新的关键字:let 和 const。

使用 let 关键字声明的变量具有块级作用域,只在声明的块中有效。这意味着,在内部块中声明的变量不会影响外部块中的同名变量。

使用 const 关键字声明的变量也具有块级作用域,而且是只读的,即不可以被重新赋值。这类变量适用于定义常量。

【例 2-27】 let、var 和 const 关键字的使用

```
1.    var x = 1
2.    let y = 2
3.    const z = x + y
4.    x = 10
5.    y = 20
6.    //z = x + y //cannot assign to z because it is a constant
```

第 1 行,用 var 声明变量 x,同时为其赋值 1。

第 2 行,用 let 声明变量 y,同时为其赋值 2。

第 3 行,用 const 声明变量 z,并直接为其赋值 x+y 的结果。注意,用 const 声明变量后必须直接为其赋值。

第 4～5 行,分别对 x、y、z 三个变量的值进行修改。此时 x、y 没有问题,但 z 会报错,因为 z 被声明为 const,它的值是不允许修改的。

3. 变量作用域

TypeScript 变量的可访问性取决于它的作用域,作用域分为全局作用域、局部作用域和类作用域。

(1) 全局作用域,指变量定义在代码结构外部,可在代码结构内部使用。

(2) 局部作用域,指变量只能在声明它的代码块中使用。

(3) 类作用域,变量作为类的成员属性(简称属性)存在。虽然变量在类内声明,但在类外部,可通过类的对象来访问。当然,类属性也可以是静态的,此时可通过类名直接访问变量。

【例 2-28】 全局变量和局部变量的访问

```
1.    let showOn : boolean = true      //声明全局变量
2.    {
3.        showOn = false                //在代码块{}作用域中可访问全局变量 showOn
4.        let color : string = 'Red'    //声明局部变量
5.    }
6.    //color = 'Green' //访问出错 cannot find name color.局部变量只能在声明它的作用域中访问
```

第 1 行,声明了全局变量 showOn。

第 2～5 行,用{}定义了一个代码块,它实际上就是一个作用域。

第 3 行,在{}作用域中可访问全局变量 showOn。

第 4 行,在{}作用域中定义了局部变量 color。

第 6 行,访问在{}作用域中定义的局部变量 color 时,程序会报错:

```
cannot find name color
```

因为局部变量只能在声明它的作用域中访问。

【例 2-29】 类属性的访问

```
1.    class Circle{
2.        radius : number = 1
3.        static PI : number = 3.14
4.    }
5.    let c1 = new Circle()
6.    let area : number = Circle.PI * c1.radius * c1.radius
```

第 1～4 行,定义 Cirlce 类,并在类中定义实例属性 radius 和静态属性 PI。

第 5 行,创建 Circle 对象 c1。

第 6 行,用类名直接访问静态属性:Circle.PI。用对象访问实例属性:c1.radius。

2.1.6 常量

相比于变量,常量是一种不能被改变的量。

1. TypeScript 的常量分类

TypeScript 的常量分为两类:字面常量和 const 关键字声明的常量。

1)字面常量

字面常量是直接从字面上就可以理解的常量,不需要通过变量来引用。它们的值直接体现在代码中,而不需要进行计算或表达式求值。

在编程中,字面常量可以是数字、字符串、布尔值、字符等。如:"TypeScript"、124,就分别表示一个字符串常量"TypeScript"和一个数值常量 124。

2) const 关键字声明的常量

const 声明常量的特点是:声明时必须赋值,一旦赋值就禁止修改。

按照常见的编码约定,常量的名称通常使用大写字母,以便在代码中与普通变量区分开来。这种命名约定有助于提高代码的可读性,让读者更容易识别和理解常量的作用和特点。

【例 2-30】 声明常量时必须为其赋值,且禁止修改

```
1.    const PI = 3.14
2.    PI = 3.1415              //TypeError: Assignment to constant variable.
```

第 1 行,用 const 关键字声明常量 PI。注意,这里根据规范对常量名称进行了大写处理,并且直接进行了赋值。

第 2 行,因为常量一旦被赋值就禁止修改,所以会出现如下报错:

```
TypeError: Assignment to constant variable
```

2. 常量的使用场合

常量通常用于枚举类型和联合类型。在枚举类型中,常量被用来表示枚举集合中的各个成员。在联合类型中,常量可用来表示不同的可能取值。

【例 2-31】 常量用于枚举成员

```
1.    enum direction{ up = '上', down = '下', left = '左', right = '右' }
2.    let d : direction = direction.up
3.    console.log(d)                //上
```

第 1 行,在枚举类型变量中定义了 4 个成员,每个成员的值为字面常量。

【例 2-32】 常量用于联合类型

```
1.    function direct(direction : '上'|'下'|'左'|'右'){
2.        console.log(direction)
3.    }
```

第1行,参数 direction 使用了联合类型注解:用竖线|分隔可能取值,即将 direction 的值限定在4个字面常量范围内。

有关联合类型的详细介绍可参考6.5.1节内容。

2.1.7 操作符

视频讲解

操作符又称运算符,是用于操作数据的符号、符号组合或者关键字。

按功能划分,操作符可以分为:算术操作符、关系操作符、逻辑操作符、位运算操作符、赋值操作符、条件操作符、类型操作符、字符串操作符等。另外,按照操作数据的个数划分,操作符可分为:一元操作符、二元操作符和三元操作符。

变量(或常量)和操作符的组合形成了表达式。在编程中,表达式是计算得出一个值的组合。

1. 算术操作符

算术操作符在数学表达式中用于描述数值间运算的规则,如表2-2所示。

表2-2 算术操作符

算术操作符	描述	表达式例子	结果
+	加法:两个值相加	1+2	3
-	减法:左值减去右值	3-2	1
*	乘法:两个值相乘	2*3	6
/	除法:返回左值除以右值的结果	9/2	4.5
%	取余:返回左值除以右值的余数	9%2	1
**	指数运算:左值为底数,右值为指数	2**3	8
++	自增:操作数值增加1	let cnt : number=0; cnt++	1
--	自减:操作数值减少1	let cnt : number=1; cnt--	0

—还可作为一元操作符,放在数值或变量前,做正负的取反操作。即正数变负数,负数变正数,比如:let a=1; console.log(-a);则输出值为-1。

自增++、自减--,会令操作数的值加1或减1。还需注意操作符的位置对表达式结果的影响。

【例2-33】 自增符号的位置对表达式结果的影响

```
1.   let x = 6, y = 6
2.   let cnt : number
3.   cnt = x++
4.   console.log(cnt)                    //6
5.   cnt = ++y
6.   console.log(cnt)                    //7
```

第1行,定义两个变量 x 和 y,并都赋值6。

第3~4行,cnt=x++表达式是先运算赋值,即先将 x 的值6赋给 cnt 变量,然后再做 x 加1处理。所以 console.log()函数输出的 cnt 值为6。

第 5～6 行，cnt＝＋＋y 表达式是先做加 1 运算，因此 y 的值由 6 变为 7，然后再将 y 的值赋给 cnt 变量。所以 console.log() 函数输出的 cnt 值为 7。

注意，＋号，也可以作为字符串连接操作符。

【例 2-34】 字符串连接操作符＋的使用

```
1.    let langName : string = "TypeScript"
2.    console.log('Hello ' + langName)              // Hello TypeScript
```

第 2 行，输出字符串连接结果：Hello TypeScript

2. 关系操作符

关系操作符用于判断两个操作数之间的关系，结果为 true 或 false，如表 2-3 所示。

表 2-3　关系操作符

关系操作符	描　　述	表达式例子	结　　果
＝＝	判断两个操作数的值是否相等	1＝＝2	false
!＝	判断两个操作数的值是否不等	1!＝2	true
＞	判断左值是否大于右值	1＞2	false
＞＝	判断左值是否大于或等于右值	1＞＝2	false
＜	判断左值是否小于右值	1＜2	true
＜＝	判断左值是否小于或等于右值	1＜＝2	true

【例 2-35】 关系操作符的使用

```
1.    let a : number = 1, b : number = 2
2.    let s : string = '1'
3.    console.log(a == b)           //false
4.    console.log(a!= b)            //true
5.    console.log(a > b)            //false
6.    console.log(a >= b)           //false
7.    console.log(a < b)            //true
8.    console.log(a <= b)           //true
```

执行结果为：

```
false
true
false
false
true
true
```

注意，进行 number 类型值与 string 类型值比较时，如：

```
console.log(1 == '1')
```

会出现类似如下的报错：

> This condition will always return 'false' since the types 'number' and 'string' have no overlap.

其原因是：不同于 JavaScript，TypeScript 的＝＝和！＝操作符会进行类型检测，1 和 '1' 显然是两种不同类型的数据。

3. 逻辑操作符

逻辑操作符又被称为布尔操作符，用于逻辑运算，结果为 true 或 false，如表 2-4 所示。

表 2-4　逻辑操作符

逻辑操作符	描述	表达式例子	结果
&&	与：仅当两个值均为真时，结果为真，否则为假	false && true	false
||	或：任何一个值为真时，结果为真，否则为假	false || true	true
!	非：反转逻辑值	! true	false

逻辑操作符通常用于条件判断。

【例 2-36】　判断是否为男孩

```
1.    let age : number = 5
2.    let sex : string = 'M'
3.    let isBoy : boolean = age <= 12 && sex == 'M'          //与运算 &&
4.    console.log(isBoy)                                      //true
```

运行结果为 true。注意，第 3 行使用了与操作符 &&。

与操作符 && 和或操作符 ||，都具有短路操作特征。使用与操作符 && 时，左侧表达式的值若为 false，就不必计算右侧的表达式的值了，结果直接返回 false 值；使用或操作符 || 时，左侧表达式的值若为 true，就不必计算右侧表达式的值了，结果直接返回 true 值。

【例 2-37】　|| 操作符的短路运算

```
1.    let a = 3, b = 4
2.    let c = a<5 || ++b>=5     //左侧表达式 a<5 返回 true，无须再做右侧表达式的++b 运算
3.    console.log(c, b)          //true 4
```

第 2 行，在表达式 c = a＜5 || ＋＋b＞=5 中，因为左侧表达式 a＜5 返回 true，所以无须再做右侧表达式的＋＋b 运算。

执行结果为：

```
true 4
```

视频讲解

4. 位运算操作符

位运算操作符是一种对二进制数值进行操作的操作符。在位运算中，将二进制的 0 视为 false，将二进制的 1 视为 true，然后对每一位进行逻辑运算。常见位的运算操作符如表 2-5 所示。

表 2-5　位运算操作符

位运算操作符	描　　述	表达式例子	二进制处理	十进制结果
&	位与：各个位值都为 1 时,结果为 1,否则为 0	5 & 6	0000…0000,0101（5） & 0000…0000,0110（6） 0000…0000,0100（结果为 4）	4
|	位或：各个位值都为 0 时,结果为 0,否则为 1	5 | 6	0000…0000,0101（5） | 0000…0000,0110（6） 0000…0000,0111（结果为 7）	7
~	位非：反转 0、1 值	~5	~ 0000…0000,0101（5） 1111…1111,1010（补码）	-6
^	异或：位值不同时,结果为 1,否则为 0	5^6	0000…0000,0101（5） ^ 0000…0000,0110（6） 0000…0000,0011（结果为 3）	3
<<	左移：每位向左移动指定位数。高位舍弃,低位补 0	5 << 2	0000…0000,0101（5） << 2 00…0000,010100(结果为 20)	20
>>	右移：每位向右移动指定位数。低位舍弃,高位补最高位值	5 >> 2	0000…0000,0101（5） >> 2 000000…0000,01(结果为 1)	1
>>>	无符号右移：每位向右移动指定位数。低位舍弃,高位补 0	-5 >>> 2	1111…1111,1010（5） >>> 2 001111…1111,10 （结果为 1073741822）	1073741822

【例 2-38】 位运算操作符 &、|、~ 和 ^ 的使用

```
1.    let a = 5, b = 6
2.    console.log(a.toString(2))                        //101
3.    console.log(b.toString(2))                        //110
4.    console.log((a & b).toString(2), a & b)           //100 4
5.    console.log((a | b).toString(2), a | b)           //111 7
6.    console.log((~a).toString(2), ~a)                 //- 100 - 6
7.    console.log((a ^ b).toString(2), a ^ b)           //11 3
```

第 1 行,定义两个变量 a 和 b,分别为其赋予十进制值 5 和 6。

第 2~3 行,分别输出 a、b 的二进制表示。5 的二进制表示为 0000…00000101,6 的二进制表示为 0000…00000110。因此默认的二进制输出分别为：101 和 110。

第 4 行,对 a 和 b 做与运算,结果值为十进制的 4。运算如下所示：

```
  0000…0000,0101        (a = 5)
& 0000…0000,0110        (b = 6)
  0000…0000,0100        (十进制结果 4)
```

第 5 行,对 a 和 b 做或运算,结果值为十进制的 7。运算如下所示：

```
  0000...0000,0101           (a = 5)
| 0000...0000,0110           (b = 6)
  0000...0000,0111           (十进制结果 7)
```

第 6 行,对 a 的二进制形式取反,结果值为十进制的 -6。运算如下所示:

```
~ 0000...0000,0101           (a = 5,进行每位取反)
  1111...1111,1010           (结果最高位 1 代表负数,此时为补码。继续运算,可知十进制值)
 _000...0000,0101 + 1        (除最高位外,对每一位取反,然后 + 1)
 _000...0000,0110 (结果的绝对值为十进制的 6,再结合最高位 1 代表负数,则实际值为十进制的 - 6)
```

第 7 行,对 a 和 b 做异或运算。结果值为十进制的 3。运算如下所示:

```
  0000...0000,0101           (a = 5)
^ 0000...0000,0110           (b = 6)
  0000...0000,0011           (十进制结果 3)
```

执行结果为:

```
101
110
100 4
111 7
-110 -6
11 3
```

【例 2-39】 移位操作符<<、>>和>>>的使用

```
1.    let a = 5
2.    console.log((a << 2).toString(2), a << 2)          //10100 20
3.    console.log((a >> 2).toString(2), a >> 2)          //1 1
4.    console.log((-a >>> 2).toString(2), -a >>> 2)
      //111111111111111111111111111110 1073741822
```

第 2 行,将 a 的二进制形式左移 2 位,结果值为十进制的 20。运算如下所示:

```
0000...0000,0101             (a = 5)
<< 2                         (高位舍弃,低位补 0)
00...0000,010100             (十进制结果 20)
```

第 3 行,将 a 的二进制形式右移 2 位,结果值为十进制的 1。运算如下所示:

```
0000...0000,0101             (a = 5)
>> 2                         (低位舍弃,高位补最高位值 0)
000000...0000,01             (十进制结果 1)
```

第 4 行,对 a 的二进制形式无符号右移 2 位,结果值为十进制的 1073741822。运算如下所示:

```
1111…1111,1010                     (-5)
>>> 2                              (低位舍弃,无符号右移则高位总是补 0)
001111…1111,10                     (十进制结果 1073741822)
```

执行结果为:

```
10100 20
1 1
111111111111111111111111111110 1073741822
```

5. 赋值操作符

赋值操作符用于将右侧的运算结果赋值给左侧的变量,还有一些"组合赋值操作符",如表 2-6 所示。

表 2-6 赋值操作符(假设 c=5)

赋值操作符	描 述	表达式例子	C 结果
=	简单赋值:将右值赋给左操作数	c=1+2	3
+=	加和赋值:左操作数和右值相加后,将结果赋值给左操作数	c+=2	7
-=	减和赋值:左操作数和右值相减后,将结果赋值给左操作数	c-=2	3
*=	乘和赋值:左操作数和右值相乘后,将结果赋值给左操作数	c*=2	10
/=	除和赋值:左操作数和右值相除后,将结果赋值给左操作数	c/=2	2.5
%=	取模赋值:对左操作数和右值取模后,将结果赋值给左操作数	c%=2	1
&=	位与赋值:对左操作数和右值执行与运算后,将结果赋值给左操作数	c&=6	4
|=	位或赋值:对左操作数和右值执行或运算后,将结果赋值给左操作数	c|=6	7
^=	异或赋值:对左操作数和右值执行或运算后,将结果赋值给左操作数	c^=6	3
<<=	左移赋值:将左操作数左移右值对应的位数后,将结果赋值给左操作数	c>>=2	20
<<=	右移赋值:将左操作数右移右值对应的位数后,将结果赋值给左操作数	c<<=2	1
<<<=	无符号右移赋值:左操作数无符号右移右值对应的位数后,将结果赋值给左操作数	c=-5 c>>>=2	1073741822

视频讲解

【例 2-40】 赋值操作符

```
1.    let c : number
2.    c = 1 + 2; console.log(c)              //3
3.    c = 5; c += 2; console.log(c)          //7
4.    c = 5; c -= 2; console.log(c)          //3
5.    c = 5; c * = 2; console.log(c)         //10
6.    c = 5; c / = 2; console.log(c)         //2.5
7.    c = 5; c % = 2; console.log(c)         //1
8.    c = 5; c & = 6; console.log(c)         //4
```

```
9.    c = 5; c |= 6; console.log(c)           //7
10.   c = 5; c ^= 6; console.log(c)           //3
11.   c = 5; c <<= 2; console.log(c)          //20
12.   c = 5; c >>= 2; console.log(c)          //1
13.   c = -5; c >>>= 2; console.log(c)        //1073741822
```

执行结果为：

```
3
7
3
10
2.5
1
4
7
3
20
1
1073741822
```

注意，+=操作符，也可以用于字符串的追加拼接。

【例 2-41】 使用+=操作符进行字符串的追加拼接

```
1.   let langName : string = "TypeScript"
2.   let greet = "hello "
3.   greet += langName              //字符串追加
4.   console.log(greet)             //Hello TypeScript
```

第 3 行，将 langName 的字符串值"TypeScript"追加到 greet 字符串值后面。为此，第 4 行输出 greet 变量的结果为：Hello TypeScript。

6. 条件操作符

条件操作符?：被称为三元运算符，因为它接受三个操作数，是唯一一个接受三个操作数的操作符。条件操作符可以简洁地替代简单的 if-else 语句，用来根据条件选择不同的值或表达式。

条件操作符使用形式如下：

```
cond ? tExpr : fExpr
```

其中，cond 是一个结果为布尔值的表达式。如果该表达式的值为 true，则返回 tExpr 的值；如果该表达式的值为 false，则返回 fExpr 的值。

【例 2-42】 使用条件操作符来获取两个变量中的较大值

```
1.   let a : number = 3, b : number = 4
2.   let max : number = a > b ? a : b
3.   console.log(max)                    //4
```

分析第2行：a＞b是条件表达式，当条件为真时返回结果为a，为假时返回结果为b，这样保证了返回结果为a和b中的较大值。

7. 空值合并操作符

为了避免在空值（null 或 undefined）的情况下出现错误，可以使用空值合并操作符（nullish coalescing operator）?? 来指定默认值，即：空值合并操作符用以判断一个表达式是否为空值，如果是空值，则返回指定的默认值，否则返回原表达式的值。

空值合并操作符使用形式如下：

```
a??b
```

其中a就是需要被判断是否为空值的变量，b是当a为空值时返回的默认值。

实际上，空值合并操作符未被引入前，a?? b 的等价写法为：

```
(a !== undefined && a !== null) ? a : b
```

【例2-43】 空值合并操作符处理：当用户名为空值时显示默认值Guest

```
1.  let userName : string | null | undefined = null
2.  let visitName = userName ?? 'Guest'
3.  console.log(visitName)              //Guest
4.  userName = undefined
5.  visitName = userName ?? 'Guest'
6.  console.log(visitName)              //Guest
7.  userName = 'Ada'
8.  visitName = userName ?? 'Guest'
9.  console.log(visitName)              //Ada
```

第1~2行，变量userName值为null，因此userName??'Guest'表达式返回默认值'Guest'。

第4~5行，变量userName值为undefined，因此userName??'Guest'表达式返回默认值'Guest'。

第7~8行，变量userName值为'Ada'，因此userName??'Guest'表达式的返回值为'Ada'。

执行结果为：

```
Guest
Guest
Ada
```

8. 类型操作符

类型操作符有typeof、instanceof 和as。

1) typeof

typeof 操作符用于返回表达式运算结果的类型，在代码需要进行变量的类型检查时，该操作符非常有用。

视频讲解

【例 2-44】 使用 typeof 获取表达式的类型

```
1.   console.log(typeof 1)                              //number
2.   console.log(typeof "Ada")                          //string
3.   console.log(typeof true)                           //boolean
4.   console.log(typeof [85, 92, 73]);                  //object
5.   console.log(typeof { name: "Ada", score: 85 })     //object
6.   console.log(typeof undefined)                      //undefined
7.   console.log(typeof null)                           //object
8.   console.log(typeof function(){})                   //function
```

执行结果为：

```
number
string
boolean
object
object
undefined
object
function
```

注意，数组的返回类型为 object。

【例 2-45】 将 typeof 返回类型作为"声明类型"

```
1.   let point = {x:1, y:2}
2.   let pointXy : typeof point
3.   pointXy = {x:3, y:4}
4.   pointXy = {x:3, y:4, z:5}
```

第 2 行，参数 pointXy 的类型被限定为 typeof point，即将 point 变量的类型{x: number, y: number}作为 pointXy 的"声明类型"。因此，第 3 行中的赋值操作符合类型要求，但第 4 行的赋值操作不符合类型要求，会出现如下报错信息：

```
Type '{ x: number; y: number; z: number; }' is not assignable to type '{ x: number; y: number; }'.
Object literal may only specify known properties, and 'z' does not exist in type '{ x: number; y: number; }'.ts
```

2）instanceof

instanceof 操作符用于判断对象是否为指定类型，如果是则返回 true，否则返回 false。

【例 2-46】 用 instanceof 判断对象是否属于某一类型

```
1.   class Fish{}
2.   class Animal{}
3.   class Dog extends Animal{}
4.   let lukie : Dog = new Dog()
5.   console.log(lukie instanceof Dog)                  //true
```

```
6.    console.log(lukie instanceof Animal)    //true
7.    console.log(lukie instanceof Fish)      //false
```

第 1~2 行，分别定义类 Fish 和 Animal。

第 3 行，定义 Dog 类。注意。Dog 类继承自 Animal 类。

第 4 行，创建 Dog 类对象 lukie。

第 5 行，判断 lukie 是否属于 Dog 类型，显然属于，因此返回 true。

第 6 行，判断 lukie 是否属于 Animal 类型，显然 lukie 也属于 Animal 类型，因此返回 true。

第 7 行，判断 lukie 是否属于 Fish 类型，显然不属于，因此返回 false。

注意，关于类和继承的详细介绍，参考 3.1 节和 3.3 节内容。

3) as

as 用于类型断言（type assertion），即指定变量的类型。

【例 2-47】 类型断言

```
1.    let lang: any = "TypeScript"
2.    let len: number = (lang as string).length
3.    console.log(len)                    // 10
```

第 2 行，通过类型断言操作符 as 指定 lang 变量的类型为 string。注意，lang 变量在第 1 行定义时将类型声明为 any，赋予它的实际值类型为 string，因此用 as 将 lang 变量的类型断言为 string 是符合实际的。

执行结果为：

```
10
```

关于类型断言，具体参考 6.5.5 节内容。

9. 操作符的优先级

当编写表达式时，操作符的优先级能够决定操作数之间的计算顺序和结合性。操作符的优先级决定了操作符在表达式中的"紧密"程度，即哪些操作会先被执行。

【例 2-48】 操作符的优先级操作

```
1.    let n:number = 1 + 2 * 3
2.    console.log(n)                      //7
```

执行结果为：

```
7
```

当表达式中出现优先级相同的操作符时，还要看操作符的结合性。右结合性，指表达式中最右边的操作符对应的操作先被执行，然后从右至左依次执行。左结合性是指从左至右依次执行表达式中的操作。大多数操作符具有左结合性，但也有例外，比如赋值操作符=、条件操作符？：、指数操作符 ** 就具有右结合性。

【例 2-49】 除法操作符表现为左结合性

```
1.    let n : number = 100 / 10 / 5;    //先执行 100/10,结果为 10；再执行 10/5,结果为 2。
                                        //所以 n 的结果为 2
2.    console.log(n)                    //2
```

第 1 行,两个除法操作符的优先级相同,而除法操作符具有左结合性,因此先执行 100/10,其结果为 10；再执行 10/5,其结果为 2。

【例 2-50】 赋值操作符表现为右结合性

```
1.    let a = 1, b = 2, c = 3
2.    a = b = c         // 先将 c 的值 3 赋给 b,然后将 b 的值 3 赋给 a,最终 a、b、c 的值都是 3
3.    console.log(a)    // 3
```

第 2 行,两个赋值操作符的优先级相同。而赋值操作符具有右结合性。因此先执行 b＝c,b 值为 3；再执行 a＝b,a 值为 3。

常见操作符的优先级和结合性如表 2-7 所示。

表 2-7 常见操作符的优先级和结合性

操 作 符	优先级由高到低	结 合 性
[]、()	1	
.	2	右
~、!、++、--	3	右
*、/、%	4	左
+、-	5	左
<<、>>、<<<	6	左
<、<=、>、>=	7	左
==、!=	8	左
&	9	左
^	10	左
|	11	左
&&	12	左
||	13	左
?:	14	右
=	15	右

注意,对于优先级,不必死记硬背。若不清楚,可通过添加括号操作符()提升优先级。

【例 2-51】 用括号操作符()提升计算的优先级

```
1.    let n:number = (1 + 2) * 3
2.    console.log(n)                   //9
```

执行结果为：9

2.2 流程控制

语句按从左到右、从上到下的顺序依次执行,被称为语句的顺序执行。

除了顺序执行外,通常还需要用分支判断、循环执行和跳转等操作来控制程序的流程。为此,TypeScript 提供了流程控制语句和关键字:if、switch…case、while、do…while、for、for…in、for…of、break、continue、return 等。

2.2.1 分支语句

TypeScript 中有两种分支语句:if 和 switch。

视频讲解

1. if 语句

if 语句的基本结构如下所示:

```
if(条件表达式) {
    分支代码块                  //条件满足时执行
}
```

if 语句的执行逻辑为:当条件表达式为真时,执行分支代码块中的语句。当分支代码块中只有一条语句时,花括号{}在语法上是可以省略的,但建议保留,以增强代码的可读性和可维护性。

【例 2-52】 用 if 语句判断成绩>=60 时输出"及格"

```
1.    let score = 80
2.    if (score >= 60) {
3.        console.log("及格");              // 及格
4.    }
```

if…else 语句结构如下所示:

```
if(条件表达式) {
    分支代码块 1;              // 条件满足时执行
}else {
    分支代码块 2;              // 条件不满足时执行
}
```

该语句的执行逻辑为:当条件表达式为真时,执行分支代码块 1 中的语句;当条件表达式为假时,执行分支代码块 2 中的语句。同样,当代码块中只有一条语句时,花括号{}在语法上是可以省略的,但建议保留。

【例 2-53】 用 if…else 语句判断成绩为"及格"或"不及格"

```
1.    let score = 72
2.    if (score >= 60){
3.        console.log("及格")
4.    }else{
```

```
5.        console.log("不及格")
6.    }
```

else if 语句的语法结构如下所示：

```
if (条件表达式 1) {
    分支代码块 1;                //条件 1 满足时执行
} else if (条件表达式 2) {
    分支代码块 2;                //条件 2 满足时执行
}
…
else if (条件表达式 n){
    分支代码块 n;                //条件 n 满足时执行
}
[else {
    分支代码块 n+1;              //以上条件都不满足时执行
}]
```

该语句的执行逻辑为：当条件表达式 1 为真时，执行分支代码块 1 中的语句；当条件表达式 2 为真时，执行分支代码块 2 中的语句……当条件表达式 n 为真时，执行分支代码块 n 中的语句；当所有条件都不满足时，执行分支代码块 n+1 中的语句。

else if 结构可以有多个，最后的 else 分支在所有条件都不满足时执行。虽然 else 分支是可选的，但通常需加上，起"兜底"的作用。

【例 2-54】 用 else if 语句分段判断成绩

```
1.    let score = 81
2.    if (score >= 80) {
3.        console.log("优良");
4.    } else if (score >= 60) {
5.        console.log("及格");
6.    } else {
7.        console.log("不及格")
8.    }
```

2. switch 语句

switch 语句的语法结构如下所示：

```
switch(表达式) {
    case 值 1：代码块 1; [break;]
    case 值 2：代码块 2; [break;]
    …
    case 值 n：代码块 n; [break;]
    [default：代码块 default;]
}
```

在 switch 语句中，表达式的值可以为 boolean、number、string 或 enum 类型。

switch 先计算表达式的值，当在 case 分支中找到与表达式的值匹配的项时，执行相应的代码块。default 分支则在所有条件都不满足时执行,它虽然是可选的,但为"兜底"起见,建议加上。

【例 2-55】 用 switch 语句判断枚举值

```
1.   enum Direct{Up, Right, Down, Left}
2.   function show(direct : Direct){
3.     switch(direct){
4.     case Direct.Up:
5.         console.log("上")
6.         break
7.     case Direct.Down:
8.         console.log("下")
9.         break
10.    case Direct.Left:
11.        console.log("左")
12.        break
13.    case Direct.Right:
14.        console.log("右")
15.        break
16.    default:
17.        console.log("不明")
18.        break
19.    }
20.  }
21.  let direct:Direct = Direct.Up
22.  show(direct)                    // 上
```

第 1 行,定义枚举变量,它包含 4 个代表不同方向的常量:"上"、"下"、"左"、"右"。

第 2~20 行,定义 show() 函数,根据参数值输出对应的"方向"。其代码逻辑是:若 direct 值为 Direct.Up 时,则先执行 console.log() 函数输出"上",然后遇到 break,跳出 switch 语句。当 direct 为其他枚举值时,会执行对应的 case 语句块。若 direct 值不在以上 case 语句块内,则执行 default 语句块,输出"不明"。

case 分支中一般会包含关键字 break,break 的作用是跳出 switch 整体结构。若没有包含 break,那么后面的 case 分支代码块会被依次执行(这种现象被称作贯穿),直到遇到 break,才会跳出 switch 结构体。

【例 2-56】 利用贯穿现象判断月份值,输出对应的季节

```
1.   let month = 12
2.   switch (month){
3.     case 12:
4.     case 1:
5.     case 2: console.log('冬季'); break
6.     case 3:
7.     case 4:
8.     case 5: console.log('春季'); break
9.     case 6:
10.    case 7:
```

```
11.        case 8: console.log('夏季'); break
12.        case 9:
13.        case 10:
14.        case 11: console.log('秋季');break
15.        default: console.log('月份 1-12 之间')
16.    }
```

第 3～5 行,当程序执行到第 3 行时,满足 case 12 语句块的执行条件,但是没有遇到 break,所以执行流程会贯穿下个 case 语句块;在第 4 行,case 1 语句块中依然没有 break,所以执行流程会贯穿下个 case 语句块,在第 5 行,用 console.log()函数输出"冬季"后,由于遇到了 break,执行流程就跳出了 switch 结构体。

第 6～8 行、第 9～11 行和第 12～14 行的贯穿逻辑同第 3～5 行。

第 15 行,default 语句块在所有 case 都不满足时才执行。由于在 switch…case 语句的最后一行,因此此处的 break 语句也可以省略。

执行结果为:

```
冬季
```

视频讲解

2.2.2 循环语句

循环语句是一种用于反复执行特定代码块的流程结构。

在 TypeScript 中,循环语句包括 while、do…while、for、for…in、for…of、foreach、every、some 等,经常和跳转语句 break 或 continue 联用。

1. while

while 语句结构如下所示:

```
while(条件表达式){
    循环体代码块
}
```

判断条件表达式的值,如果为 true,执行循环体代码块;再判断条件表达式的值,重复以上步骤,直到条件表达式的值为 false,跳出当前 while 结构体。

【例 2-57】 用 while 语句求 1+2+3+…+9+10 的值

```
1.    let sum = 0, i = 1
2.    while(i<=10){
3.        sum += i
4.        i++
5.    }
6.    console.log(sum)
```

执行结果为:

2. do…while

do…while 语句结构如下所示：

```
do {
    循环体代码块
} while (条件表达式)
```

先执行循环体代码块；然后判断条件表达式的值，如果为 true，再次执行循环体代码块。重复以上步骤，直到条件表达式的值为 false，跳出当前 do…while 结构体。

与 while 循环不同，do…while 循环先执行循环体代码块，再判断条件。所以循环体代码块至少会执行一次。

【例 2-58】 用 do…while 语句求 $1+2+3+\cdots+9+10$ 的值

```
1.    let sum = 0, i = 1
2.    do {
3.        sum += i
4.        i++
5.    }while (i <= 10)
6.    console.log(sum)
```

执行结果为：

```
55
```

3. for

与 while 和 do…while 相比，for 循环更为灵活。

for 语句结构，如下所示：

```
for ( 初始化语句; 条件表达式; 条件更新语句 ) {
    循环体代码块
}
```

先执行初始化语句，它的作用通常是初始化循环变量，且只执行一次。然后判断条件表达式的值，如果为 true 则执行循环体代码块和条件更新语句，再判断此刻条件表达式的值。重复以上步骤，直到条件表达式的值为 false，跳出当前 for 语句结构体。

【例 2-59】 用 for 语句求 $1+2+3+\cdots+9+10$ 的值

```
1.    let sum = 0;
2.    for (let i = 1; i <= 10; i++) {
3.        sum += i;
4.    }
5.    console.log(sum)
```

执行结果为：

```
55
```

注意,初始化语句可以没有,也可有多个,有多个时用逗号分隔。条件语句也可以没有,此时的默认条件值为 true;条件更新语句也可以没有,也可有多个,有多个时用逗号分隔。

在极端情况下,for 语句可以无初始化、无条件、无更新,如下所示:

```
for( ; ; ) {
    循环体代码块
}
```

以上代码的功能实际上等同于:

```
while ( true ) {
    循环体代码块
}
```

4. for…in

for…in 语句主要用于快速遍历可迭代变量中的元素"键"。

for…in 语句结构如下所示:

```
for (变量 in 可迭代变量) {
    循环体遍历代码块
}
```

对数组而言,for…in 语句用于获得数组中的索引。

【例 2-60】 用 for…in 语句求数组中元素的平均值

```
1.    let scores : Array < number > = [78, 89, 76, 45, 65, 70]
2.    let total = 0
3.    for (let index in scores){
4.        total += scores[index]
5.    }
6.    console.log(total/scores.length) //70.5
```

第 3 行,用 for…in 语句取出数组 scores 的各下标值并逐一放入变量 index。

执行结果为:

```
70.5
```

对对象而言,for…in 语句用于获得对象的属性。

【例 2-61】 用 for…in 语句读取对象的属性和属性值

```
1.    let emp = { name:'Ada', age:18 }
2.    for (let prop in emp){
3.        console.log(prop, emp[prop])
4.    }
```

第 1 行,定义对象 emp,包括 name 属性值和 age 属性值。

第 2 行,用 for…in 语句取出对象 emp 的各属性名称并逐一放入变量 prop。

第 3 行,编译时若出现如下警告,忽略即可:

```
Element implicitly has an 'any' type because expression of type 'string' can't be used to index type.
```

当然,也可以在 tsconfig.json 中设置"noImplicitAny":false,去除警告。另外一种去除警告的方式是:定义可迭代变量的类型为 any,以绕过类型检查。如下所示:

```
let emp : any = emp
```

执行结果为:

```
name Ada
age 18
```

5. for…of

for…of 语句用于快速遍历可迭代变量中的"元素"。该语句和 for…in 语句有所区别,for…in 语句遍历的是"键",而 for…of 语句遍历的是"元素"。

for…of 语句结构如下所示:

```
for (变量 of 可迭代变量) {
    循环体遍历代码块
}
```

(1) 对数组而言,for…of 语句用于获得数组中的元素。

【例 2-62】 用 for…of 语句求数组中元素的平均值

```
1.    let scores : Array< number > = [78, 89, 76, 45, 65, 70]
2.    let total : number = 0
3.    for (let score of scores){
4.        total += score
5.    }
6.    console.log(total/scores.length)    //70.5
```

编译时若出现如下报错信息:

```
error TS2494: Using a string in a 'for...of' statement is only supported in ECMAScript 5 and higher
```

是因为 for…of 语句从 ES5 版本开始,才得到支持。此时可通过指定版本编译解决,如:

```
tsc -t es5 test.ts
```

执行结果为:

```
70.5
```

(2) 对数组而言,for…of 语句还可用于同时获得元素和对应的索引。

【例 2-63】 用 for…of 语句输出数组中元素的值并添加序号

```
1.    let scores : Array<number> = [78, 89, 76]
2.    for (let [index, score] of scores.entries()) { //entries()需 ES2015 及以上版本,可用
                                                     //tsc -t es2015 编译
3.        console.log(`${index+1}:\t ${score}`)
4.    }
```

第 2 行,用数组的 entries()函数返回一个元组类型的值[index,value],这是用 for…of 语句获得数组中元素和对应索引值的关键。

执行结果为:

```
1:       78
2:       89
3:       76
```

注意,编译时如果出现如下报错信息:

```
error TS2550: Property 'entries' does not exist on type 'number[]'. Do you need to change your target library? Try changing the 'lib' compiler option to 'es2015' or later.
```

则是因为 entries()函数从 ES2015 版本开始才得到支持。此时可指定版本编译解决,如:

```
tsc -t es2015 test.ts
```

(3) 对数组而言,用 for…of 语句还可遍历对象数组中指定属性的值。

【例 2-64】 用 for…of 遍历对象数组 scores 中属性 name 和 score 的值

```
1.    let scores = [
2.        { name:'ada', age:18, score:81},
3.        { name:'bob', age:19, score:72},
4.        { name:'carl', age:20, score:99}
5.    ]
6.    for (let {name, score} of scores){        //{name, score} of scores 是个解构过程
7.        console.log(`${name}:\t ${score}`)
8.    }
```

第 1~5 行,scores 是一个对象数组。每个对象都有 3 个属性:name、age 和 score。

第 6 行,代码 let {name,score} of scores 使用了对象解构:将遍历出的每个 scores 对象的 name 属性值和 score 属性值,依次放入 name 变量和 age 变量。

注意,关于解构的详细介绍,参考 6.1 节内容。

第 7 行,用模板表达式输出变量 name 和 score 的值。

执行结果为：

```
ada:            81
bob:            72
carl:           99
```

（4）对 Map 而言，for…of 语句获得的是 Map 中的每个元素的"键值对"。

【例 2-65】 用 for…of 语句遍历 Map 类型变量 emps 中每个元素的"键值对"

```
1.    let emps = new Map<string, string>()
2.    emps.set('001','Ada')
3.    emps.set('002','Bob')
4.    for(let i of emps) {
5.        console.log(i)
6.    }
```

第 1~3 行，定义 Map 类型变量 emps，并设置两个"键值对"元素。

第 4~6 行，对 emps 进行遍历，变量 i 即为 emps 中的每个"键值对"元素。

执行结果为：

```
[ '001', 'Ada' ]
[ '002', 'Bob' ]
```

注意，若将第 4~6 行改为 for…in 形式，如 for(let i in emps.values){…}，运行将无结果。

（5）对 Map 而言，用 for…of 语句还可同时获得每个元素的"键"和"值"。

【例 2-66】 用 for…of 获得 Map 类型变量中每个元素的"键"和"值"

```
1.    let emps = new Map<string, string>()
2.    emps.set('001', 'Ada')
3.    emps.set('002', 'Bob')
4.    for(let [i,v] of emps){
5.        console.log(`${i}: ${v}`)
6.    }
```

第 4 行，用元组[i,v]声明两个变量 i 和 v，在遍历过程中分别将 Map 元素的"键"和"值"存储在这两个变量中。

执行结果为：

```
001: Ada
002: Bob
```

（6）对 Set 而言，for…of 语句获得的是 Set 中的每个元素。

【例 2-67】 用 for…of 语句遍历 Set 类型变量 posts 中的每个元素值并显示出来

```
1.    let posts = new Set()
2.    posts.add('东')
```

```
3.    posts.add('西')
4.    posts.add('南')
5.    posts.add('北')
6.    for (let post of posts) {
7.        console.log(post)
8.    }
```

执行结果为：

```
东
西
南
北
```

（7）对字符串而言，for…of 语句遍历的是字符串中的每个字符。

【例 2-68】 用 for…of 遍历字符串变量 str 中的每个字符

```
1.    let str = "TS"
2.    for (let ch of str) {          // let ch in str 时，还需设置 let str:any，否则会报错
3.        console.log(ch)
4.    }
```

执行结果为：

```
T
S
```

注意，若将第 2～4 行改用 for…in 语句，如：

```
for(let i in str){
    console.log(i)
}
```

则将输出字符的下标值：

```
0
1
```

视频讲解

6. forEach()、every()、some() 函数

除了 while、do…while、for、for…in、for…of 循环语句外，TypeScript 还支持使用 forEach()、every() 和 some() 这 3 个函数进行循环操作。

1) forEach() 函数

forEach() 函数用于实现更加简洁的 for 循环操作。forEach() 使用回调函数，对可迭代变量（数组、Map 或 Set 类型）中每个元素执行一定的逻辑代码。回调函数最多可接受 3 个可选参数：元素值、索引值、被迭代的变量。

【例 2-69】 使用 forEach() 函数遍历数组元素及其索引值

```
1.    let array = ['ada', 'bob','carl']
2.    array.forEach(function(element, index) {
3.        console.log(index + ":\t" + element);
4.    });
```

第 2 行,回调函数中使用两个参数 element 和 index,分别迭代数组 array 的元素值和索引值。

执行结果为:

```
0:              ada
1:              bob
2:              carl
```

forEach() 函数通常使用更简洁的箭头函数(即 Lambda 表达式)来遍历数组的元素。

【例 2-70】 forEach() 使用箭头函数遍历数组变量 array 中的元素

```
1.    let array = ['ada', 'bob', 'carl']
2.    array.forEach( (element, index) => {
3.        console.log(index + ":\t" + element)
4.    })
```

同样,forEach() 可结合箭头函数来遍历 Set 变量的元素。

【例 2-71】 使用 forEach() 函数遍历 Set 变量 posts 中的元素

```
1.    let posts = new Set()
2.    posts.add('东')
3.    posts.add('西')
4.    posts.add('南')
5.    posts.add('北')
6.    posts.forEach( item => {
7.        console.log(item)
8.    })
```

执行结果为:

```
东
西
南
北
```

当然,forEach() 也可以结合箭头函数遍历 Map 变量中的元素。

【例 2-72】 使用 forEach() 函数遍历 Map 变量 emps 中的元素

```
1.    let emps = new Map<string, string>()
2.    emps.set('001', 'Ada')
```

```
3.    emps.set('002', 'Bob')
4.    emps.forEach( (val, key) => {
5.        console.log(`${key}: ${val}`)
6.    })
```

执行结果为:

```
001: Ada
002: Bob
```

此外,forEach()可结合箭头函数遍历对象数组中指定属性的值。

【例 2-73】 使用 forEach()函数遍历对象数组 scores 中指定属性的值

```
1.    let scores = [
2.        {name:'ada',age:18,score:81},
3.        {name:'bob',age:19,score:72},
4.        {name:'carl',age:20,score:99}
5.    ]
6.    scores.forEach( (element, index) =>{
7.        console.log(`${index+1}. ${element.name}: ${element.score}`)
8.    })
```

第 7 行,遍历并输出指定属性 name 和 score 的值。

执行结果为:

```
1.    ada: 81
2.    bob: 72
3.    carl: 99
```

2) every()函数

every()函数用于检测数组中的所有元素是否都满足某个指定条件。该函数接受一个回调函数作为参数,该回调函数用于对数组的每个元素进行测试。回调函数内使用 return 语句来指定条件,当所有元素都满足这个条件时,every()函数返回 true,否则返回 false。

【例 2-74】 判断字符串数组 names 中每个元素的长度是否都大于或等于 4

```
1.    let names = ['adam','bob','cindy']
2.    let result = names.every((name) =>{
3.        return name.length>=4     //every 判断:每个元素都满足"return 条件"则返回 true
4.    })
5.    console.log(result)           //false
```

第 3 行,逐一判断数组中字符串元素的长度是否大于或等于 4,因为'bob'不满足条件,因此返回 result 的值为 false。若将第 3 行>=4 改为>=3,则返回 result 的值为 true。

3) some()函数

some()函数也用于测试数组中的元素。当数组中的某个元素满足回调函数中指定的条件时,some()函数返回 true,否则返回 false。

【例 2-75】 判断字符串数组中是否存在字符串元素的长度大于或等于 4

```
1.    let names = ['ada','bob','cindy']
2.    let result = names.some((name) =>{
3.        return name.length >= 4  //some 判断:只需一个元素满足"return 条件"则返回 true
4.    })
5.    console.log(result)          //true
```

第 2~4 行,使用 some()函数,结果为 true。原因是,'cindy'元素的长度满足>=4 这一条件。

2.2.3 跳转

TypeScript 通常使用 break 和 continue 语句实现跳转。

1. break

break 语句用于跳出循环,通常与 for、while 等循环语句一起使用。当满足某个条件时,break 语句将导致程序跳出当前循环,并执行循环之后的代码。

【例 2-76】 当数组中有不及格分数时,用 break 跳出循环结构体

```
1.    let scores = [72, 81, 36, 99]
2.    for (let score of scores){
3.        if(score < 60){
4.            console.log("至少存在不及格分数: " + score)
5.            break
6.        }
7.    }
```

第 5 行,加 break 的逻辑是:只要找到一个不及格分数,就不必再遍历了,直接跳出循环结构体。

执行结果为:

```
至少存在不及格分数: 36
```

2. continue

continue 语句用于结束本次循环,即当满足某个条件时,continue 语句将提前结束当前循环,然后执行下一个循环。

【例 2-77】 用 continue 剔除数组中的不及格分数后求平均值

```
1.    let sum:number = 0, cnt:number = 0
2.    let scores = [72, 81, 36, 99]
3.    for (let score of scores){
4.        if (score < 60){
5.            continue //终止当前迭代操作(下方 sum += score 不再执行),进行下一个迭代
6.        }
```

```
7.          cnt++
8.          sum += score
9.      }
10.     console.log(sum/cnt)                    //84
```

第5行,加continue的逻辑是:遇到不及格分数,忽略下方cnt++和sum+=score语句,即不及格分数不计入总分,然后继续执行下次循环。

执行结果为:

```
84
```

视频讲解

2.3 函数

函数是一段封装了特定任务的代码块,它可以被多次调用以完成相同的任务,实现了代码的复用和模块化。函数可以接受输入参数并返回输出值。

2.3.1 函数定义

函数定义的语法结构如下所示:

```
function 函数名(参数1:类型,参数2:类型...):返回类型
{
    函数体(执行语句)
}
```

函数的参数是可选的,即参数可以有,也可以没有,还可以有多个。函数体是能够实现特定功能的代码块,用一对花括号{}包裹。

可为函数指定返回类型,如果没有返回类型,则需要用void声明。

【例2-78】 定义无参函数

```
1.  function hello():void
2.  {
3.      console.log('Hello TypeScript')
4.  }
5.  hello()                         //Hello TypeScript
```

第1行,用function关键字定义hello()函数,但没有为函数定义参数;用void关键字声明函数没有返回值。

第2~4行,这几行就是函数体,这里用console.log()函数输出Hello TypeScript。

注意,用一对花括号{}将函数体包裹起来。即使函数体中没有语句,作为一种特殊实现(空实现),也必须用{}进行包裹。

第5行,用函数名加()对函数进行调用。调用函数即执行函数体中的语句,因此控制台输出:

Hello TypeScript

【例 2-79】 定义有参数但有返回值的函数

```
1.    function add(a:number, b:number):number
2.    {
3.        return a + b
4.    }
5.    let c = add(1,2)
6.    console.log(c)
```

第 1 行,用关键字 function 定义 add()函数;为该函数声明两个 number 类型的参数 a 和 b;声明函数的返回类型为 number。

第 2~4 行,函数体中只有一行用于返回 a+b 结果的语句。其结果类型为 number,符合第 1 行中声明的函数返回类型。

第 5 行,代码 add(1,2)用于调用函数,并将函数返回结果放入变量 c。

执行结果为:

```
3
```

2.3.2 可选参数、默认参数和剩余参数

可选参数(optional parameter)、默认参数(default parameter)和剩余参数(rest parameter)具有不同的特征。

(1) 可选参数:允许传入参数值,也允许不传入。
(2) 默认参数:当不传入参数值时,使用设置的默认值。
(3) 剩余参数:允许参数个数可变。

1. 可选参数

若为函数定义了参数,通常在调用函数时必须传入参数,不过也有例外:定义函数时,用问号?将参数标注为可选参数。此时的参数值可以传入也可以不用传入。

注意,可选参数必须放在必选参数的后面。这是因为在函数调用时,参数值是按照位置依次传递的,如果可选参数放在必选参数之前,会导致参数值的传入顺序不明确,从而引发错误。

【例 2-80】 定义包含可选参数的函数

```
1.    function getPrice(price:number, count:number, discount?:number):number {
2.        console.log(discount)
3.        let trueDiscount:number = (typeof discount) == "undefined"?1:(discount as number)
4.        return price * count * trueDiscount
5.    }
6.    console.log(getPrice(9,10,0.9))                    //81
7.    console.log(getPrice(9,10))                        //90
```

第1行,定义getPrice()函数。其中参数discount后面有问号,说明它是一个可选参数,即调用函数时可以使用该参数,也可以不使用。

第2行,输出可选择参数discount的值。

第3行,用条件表达式计算真实折扣值trueDiscount:当可选参数discount无值输入时,将其设置为1,有值输入时,将其设置为输入值。第4行也可以简化为:

```
let trueDiscount = !discount?1:discount as number
```

其中,问号前面的条件表达式!discount用于判断discount值是否不存在。

第4行,返回计算后的价格。

第6~7行,调用函数,分别测试输入可选参数值和不输入可选参数值的情况,语法都没有问题。

执行结果为:

```
0.9
81
undefined
90
```

2. 默认参数

调用函数时,如果不传入该参数的值,则使用默认值。注意,默认参数和可选参数不能同时使用。

【例2-81】 定义包含默认参数的函数

```
1.    function getPrice(price:number, count:number, discount:number = 1):number {
2.        return price * count * discount
3.    }
4.    console.log(getPrice(9,10,0.9))                    //81
5.    console.log(getPrice(9,10))                        //90
```

第1行,参数discount声明为discount:number=1,说明discount是默认参数。即调用函数时,若discount不给值,会赋予默认值1。

执行结果为:

```
81
90
```

3. 剩余参数

在TypeScript中,可以使用剩余参数来定义具有不定数量的参数。剩余参数的语法是在参数前加上三个点"…",后跟参数名,表示可以接受任意数量的参数值,并将它们作为数组传递给函数。在许多其他开发语言中,剩余参数通常被称为可变参数(variable parameter),或者有时也被称为可变长度参数(variable length parameter)。

【例 2-82】 定义包含剩余参数的函数,求输入参数值的总和

```
1.    function getTotal(...scores:number[]) {
2.        let total = 0
3.        scores.forEach(score => total += score)
4.        return total
5.    }
6.    let total = getTotal(72, 63, 81)
7.    console.log(total)
```

第 1 行,使用…scores:number[]代码,将数组变量 scores 设置为剩余参数。
第 6 行,调用函数。注意参数并未使用数组变量,而是将元素直接填入。
执行结果为:

216

2.3.3 重载函数

重载函数(overloaded function)是指在同一作用域内定义的多个名称相同但参数类型或参数个数不同的函数。

通过使用重载函数,可以根据传入的参数类型或参数个数,让程序自动选择调用合适的函数。

在 TypeScript 中,实现重载函数的过程,一般分为两步:
(1) 重载函数签名,声明函数有几种参数变化。
(2) 重载函数实现,针对参数几种可能的变化,实现对应的功能。
函数重载方式有两种,分别是参数类型不同和参数个数不同。

【例 2-83】 函数重载方式一:参数类型不同

```
1.    function multiply(a : number, b : number) : number;
2.    function multiply(a : string, b : number) : string;
3.    // 重载函数的实现
4.    function multiply(a : unknown,b : unknown) : unknown {
5.        if(typeof a === 'number' && typeof b === 'number'){
6.            return a * b
7.        }else if(typeof a === "string" && typeof b === "number"){
8.            let result = ''
9.            for(let i=1;i<=b;i++){
10.                result += a
11.            }
12.            return result
13.        }
14.    }
15.    console.log(multiply(2,3))              // 6
16.    console.log(multiply('TS',3))           //TSTSTS
```

第1～2行，重载函数签名，即 multiply()函数可对(number,number)类型的参数进行处理，也可以对(string,number)类型的参数进行处理，对应的函数返回值类型也不同，分别为 number 和 string。注意，函数签名不能包含实现主体，即不要写花括号{}。

第4～14行，是重载函数的实现。

第15～16行，测试重载函数。注意，两次调用的函数的参数类型不同。

执行结果为：

```
6
TSTSTS
```

【例 2-84】 函数重载方式二：参数个数不同

```
1.    function show(a : string) : string;
2.    function show(a : string, b : string) : string;
3.    function show(...a : Array<string>) : string {
4.        if(a.length === 1) {
5.            return `title: ${a[0]}`
6.        }else if(a.length === 2){
7.            return `title: ${a[0]}, msg: ${a[1]}`
8.        }
9.        throw new Error('执行函数异常')
10.   }
11.   console.log(show('TypeScript'));                //title: TypeScript
12.   console.log(show('TypeScript','类型化的 JavaScript'));
```

第1～2行，重载函数签名：show()函数可对1个 string 参数进行处理，也可对两个 string 参数进行处理，函数的返回值类型都为 string。

第3～10行，重载函数实现：用 length 属性判断参数个数，对于一个参数和两个参数，分别返回不同的字符串内容。

第11～12行，重载函数测试：分别使用一个参数和两个参数调用函数，查看返回内容。

执行结果为：

```
title: TypeScript
title: TypeScript, msg: 类型化的 JavaScript
```

实际上，如果函数定义了可选参数或剩余参数，该函数也满足"参数个数变化"的条件，在调用时也能表现出重载函数的特征。

2.3.4 递归函数

递归函数(recursive function)是指在函数体中能直接或间接调用自身的函数。

设计递归函数的关键在于，确定递归终止条件和递归调用的逻辑。终止条件是指递归函数停止调用自身的条件，确保递归过程最终能够结束，否则会无限递归造成栈溢出。递归调用的逻辑是指将原问题划分为更小规模的子问题，并使用相同的递归函数来解决子问题。通过不断调用自身，每次处理更小规模的问题，最终可以得到原问题的解。

递归比较抽象，并不直观，但掌握和使用递归亦有规律可循。下面从问题出发，来理解递归函数的使用思路和代码编写规律。

【例 2-85】 用递归思路求解 n 的阶乘

解题思路：假设有 f(i)函数用于求 i 的阶乘，那么求 n 的阶乘就可表示为 n×f(n−1)；而求 f(n−1)可表示为(n−1)×f(n−2)……最后求 f(1)，结果为 1。该过程可用公式 2-1 表示：

$$f(n) = \begin{cases} 1, n=1 \\ n \times f(n-1) \end{cases} \qquad \text{(公式 2-1)}$$

对于此公式，在 TypeScript 中可以用一个 f(n)函数来表示，代码如下所示：

```
1.  function f(n : number) : number{
2.      if (n == 1){
3.          return 1
4.      }
5.      return n * f(n - 1)
6.  }
7.  console.log(f(5))                    // 120
```

执行结果为：

```
120
```

递归函数的写法可归纳为两个部分：

(1) 正常的递归逻辑处理代码，如第 5 行：return n * f(n−1)。

(2) 明确的递归终止条件，以免陷入无限递归，如第 2~4 行所示：当 n==1 时，函数的返回值为 1。

2.3.5 匿名函数

1. 匿名函数的定义

匿名函数(anonymous function)就是没有函数名的函数，它通常以函数表达式的形式存在。函数表达式将匿名函数赋值给一个变量，这样可以通过变量名来引用和调用匿名函数。

【例 2-86】 匿名函数的定义

```
1.  const msg = function():void {
2.      console.log("Hello TypeScript");
3.  }
4.  msg()                      // Hello TypeScript
```

第 1 行，关键字 function 后面直接连着()，并无名称出现，说明定义的是匿名函数。然后将匿名函数赋值给 msg 变量。

第 4 行，通过"变量名()"方式调用匿名函数。

执行结果为：

Hello TypeScript

除了没有函数名以外,在其他方面,定义匿名函数和定义普通函数没有区别,比如,它们都可以带参,可以使用可选参数、默认参数、剩余参数,并设置函数返回类型等。

【例 2-87】 在匿名函数中使用剩余参数

```
1.    let getAvg = function (...scores:number[])
2.    {
3.        let total = 0
4.        scores.forEach(score => total += score)
5.        return total/scores.length
6.    }
7.    let avg = getAvg(72,63,81)
8.    console.log(avg);                    //72
```

第 1 行,匿名函数定义了一个剩余参数…scores:number[]。
第 2～6 行,实现求平均值功能。
第 7 行,调用了匿名函数。
执行结果为:

72

2. 匿名函数的自调用

在匿名函数定义后直接加括号(),其作用是直接执行该匿名函数。

【例 2-88】 匿名函数的自调用

```
1.    ( function ( target : string) : void {
2.        console.log( `Hello ${target}`)
3.    }
4.    )('TypeScript')                    //Hello TypeScript
```

第 1～4 行,用一对()将匿名函数定义括起来。
第 4 行,在匿名函数定义后加(),指示执行该匿名函数。注意,匿名函数调用是可以带参数值的,此处传入了字符串'TypeScript'。
执行结果为:

Hello TypeScript

2.3.6 箭头函数

箭头函数(arrow function),也被称为 Lambda 表达式或箭头表达式,是一种特殊的匿名函数语法形式,通常用于简化函数定义并改善代码的可读性。
箭头函数的定义语法:

```
( [参数 1,参数 2,…,参数 n] ):函数返回类型 => Lambda 表达式或语句块
```

箭头前的参数就是函数的输入参数,箭头符号=>后的 Lambda 表达式或语句块为函数的执行体。

【例 2-89】 箭头函数以 Lambda 表达式作为函数体

```
1.    const square = (n : number) : number => n * n
2.    console.log(square(3))                    // 9
```

第 1 行,定义箭头函数。参数 n 被约束为 number 类型,函数返回类型也被约束为 number 类型,箭头符号=>后面是参数参与的 Lambda 表达式 n*n,该表达式的结果就是箭头函数的返回结果。

【例 2-90】 箭头函数以语句块为函数体

```
1.    const factorial = (n : number) : number =>{
2.        if(n<0)
3.              throw new Error("n 值不能小于 0")
4.        let f = 1
5.        for(let i = 1; i <= n; i++){
6.              f *= i
7.        }
8.        return f
9.    }
10.   console.log(factorial(3)) // 6
```

以上箭头函数实现了求解 n 的阶乘的功能,其主体实现代码放在花括号{}中。
执行结果为:

```
6
```

2.3.7 回调函数

JavaScript 运行时通常以单线程工作(使用同步模式顺序执行任务),TypeScript 是 JavaScript 的超集,具有与 JavaScript 相同的同步执行模式。若想以异步模式处理逻辑,可使用回调函数(callback function)。在异步模式下,任务可有一个或多个回调函数,前一个任务结束后,不是按顺序执行后一个任务,而是执行回调函数,后一个任务无须等待前一个任务结束就可执行。

在 TypeScript 中,函数可以作为参数传给其他函数,被传递的函数即为回调函数。回调函数一般是在满足某些条件之后被触发执行的。

【例 2-91】 函数可以作为参数传递给其他函数

```
1.    function add(a : number, b : number) : number{
2.        return a + b
3.    }
```

```
4.    function mathOp(op : any, a : number, b : number){
5.        return op(a,b)
6.    }
7.    let c = mathOp(add,1,2)
8.    console.log(c); //3
```

第1～3行,定义一个 add() 函数,返回两个参数之和。

第4～6行,定义 mathOp() 函数。注意,第一个形式参数 op 是个函数名(回调函数的名称),在第5行中会执行 op 函数。

第7行,调用 mathOp() 函数,并传入实际参数值(add,1,2)。注意,第一个实际参数值为 add,运行时会替代第4行中的形式参数 op,因此在第5行中实际执行的是 add(a,b) 函数。

执行结果为:

3

习惯上,回调函数用 callback 或 cb 作为名称,所以建议将第4～6行改写为:

```
function mathOp(callback : any, a : number, b : number){
    return callback(a,b)
}
```

【例2-92】 回调函数一般在满足某些条件时执行

```
1.    setTimeout(()=>{
2.        console.log("3 秒到时了")
3.    },3000)
```

第1行,setTimeout() 为 TypeScript 系统函数。其作用是:经过指定毫秒数后执行回调函数。查看 setTimeout 源代码,如下所示:

```
function setTimeout(callback: (args: void) => void, ms?: number): NodeJS.Timeout;
```

其中,第一个参数为箭头函数,该箭头函数是一个回调函数;第二个参数为触发时间,单位为毫秒。

运行效果为:在3000毫秒后,调用回调函数在控制台输出。输出结果为:

3 秒到时了

注意,若出现回调函数的多层嵌套,则代码可读性变差,会产生所谓的回调地狱问题,此时可使用回调函数的 Promise 写法,或 async 和 await 语法来解决问题。具体方法参考 6.7 节相关内容。

2.4　实战闯关——基础语法

对于 TypeScript 基础语法,需掌握的重点知识和技能为:定义变量、声明类型、使用常用操作符、选用流程控制语句、定义函数等。

【实战 2-1】　定义变量

实践步骤:

(1) 定义一个字符串类型变量,用于存储客户姓名。

(2) 定义一个数值类型变量,用于存储客户年龄。

(3) 定义一个布尔类型变量,用于表示账号是否为激活状态。

(4) 定义一个变量,用于同时存储公司 4 个季度的销售收入值。

(5) 定义一个变量,用于同时存储姓名和成绩。其中姓名是字符串类型,成绩是数值类型。

(6) 定义一个变量,用于存储三种支付状态的枚举数据:未支付、支付、交易完成。

【实战 2-2】　操作符

实践步骤:

(1) 编写代码实现两个数值变量的值的交换。如 a=3,b=4,编码使得 a 获得原 b 中值,b 获得原 a 中值。其结果为:a 值为 4,b 值为 3。

(2) 对于任意指定的一个三位整数,编写代码将其个位、十位和百位分离后输出。

(3) 假设花朵每枝 5 元,满 20 枝送 5 枝,满 5 枝送 1 枝。编写代码计算 n 元最多能买几枝花。

(4) 用条件操作符求出 a、b、c 三个变量中的最大值。

【实战 2-3】　流程控制

实践步骤:

(1) 给定任意一个数值,用 if 语句判断其值:若在[0,100]范围之外则显示数值有误。

(2) 给定任意两个数值,用 if else 语句求较大值。

(3) 给定任意一个代表年份的 4 位正整数,用 if…else if…else 语句判断该年是否为闰年。提示:当正整数能被 400 整除时,显示"年份能被 400 整除,是闰年";当正整数能被 4 整除同时不能被 100 整除时,显示"年份能被 4 整除同时不能被 100 整除,是闰年";其他情况显示"正整数并非闰年"。

(4) 给定[0,100]范围内的任意一个成绩数值,用 switch case 语句将其转换为"优、良、中、及格、差"评价等级。提示:>=90 分评价为"优";<90 分且>=80 评价为"良";>=70 且<80 评价为"中";>=60 且<70 评价为"及格";<60 评价为"差"。

(5) 给定任意一个正整数,用 while 循环语句判断该整数一共有几位。

(6) 设有一张厚度为 0.1 毫米且无限大的纸,用 do…while 循环语句判断要将这张纸折成珠穆朗玛峰的高度(以 8848.86 米为准),需要折多少次。

(7) 用 for 循环嵌套语句,实现如图 2-2 所示"九九乘法表"。

注意,要想在 Node.js 平台下实现打印不换行,可使用 process.stdout.write()函数替换 console.log()函数。

```
1×1=1
2×1=2  2×2=4
3×1=3  3×2=6  3×3=9
4×1=4  4×2=8  4×3=12 4×4=16
5×1=5  5×2=10 5×3=15 5×4=20 5×5=25
6×1=6  6×2=12 6×3=18 6×4=24 6×5=30 6×6=36
7×1=7  7×2=14 7×3=21 7×4=28 7×5=35 7×6=42 7×7=49
8×1=8  8×2=16 8×3=24 8×4=32 8×5=40 8×6=48 8×7=56 8×8=64
9×1=9  9×2=18 9×3=27 9×4=36 9×5=45 9×6=54 9×7=63 9×8=72 9×9=81
```

图 2-2   九九乘法表

【实战 2-4】 函数

实践步骤：

（1）编写函数，将一维数组元素位置进行翻转。

提示：如输入[63,99,81,72]，返回值为[72,81,99,63]。

（2）编写函数，估算圆周率 π。

提示：可参考公式 2-2，求出 m=100 时 π 的值。

$$\frac{\pi}{4}=1-\frac{1}{3}+\frac{1}{5}-\frac{1}{7}+\cdots(-1)^{m+1}\frac{1}{2m-1}+\cdots \quad （公式 2-2）$$

（3）编写剩余参数函数，求多个值中的最大值。

提示：如设计 function getMax(…nums : Array < number >) : number{}函数。当执行 getMax(72,81,63)时能得到其中的最大值 81。

（4）斐波那契数列：0,1,1,2,3,5,8,13,21,34,……在数学上递推定义为：F(0)=0，F(1)=1,F(n)=F(n－1)+F(n－2)(n≥2,n∈N)。编写递归函数求第 10 位斐波那契数值（注意，位数从 0 开始）。

第 3 章

面向对象

早期 JavaScript(ES5 前)使用构造函数和原型(prototype)链来实现面向对象编程,没有类的概念,从 ES6 开始引入了类,面向对象编程开始变得方便和直观。而 TypeScript 本身就是一个面向对象的编程语言,完全支持类、接口、继承等语法。通过本章的相关概念阐述和代码示例学习,读者应能理解并掌握 TypeScript 面向对象编程相关概念和技术。

面向对象编程(Object Oriented Programming,OOP),是通过对象的方式把现实世界映射到计算机模型的一种编程方法。相比于面向过程编程(Procedure Oriented Programming,POP),面向对象编程更适合分析和解决复杂项目问题。

简单而言,对象就是现实中的实体,类就是现实中的分类。比如,现在要实现一个员工管理系统。公司里有张珊、李思等员工。员工是一种分类,在面向对象编程中就是类,而张珊和李思这些具体实体在面向对象编程中就是对象。

3.1 类

视频讲解

类是面向对象编程的核心。

类是对象的抽象,是用于创建对象的模板。没有通过类创建的对象,就无法借助映射、模拟问题域中的实体来解决项目问题。

面向对象编程时,通常在项目的问题域中分析现实中的实体,将同类实体的特征、属性、功能、行为等抽象出来,形成类结构。

3.1.1 类结构

在 TypeScript 中,类可以看成由名字、属性、函数组成的一个封装结构体。

注意,在类中的函数习惯上被称作方法(method)。但本质上方法还是函数,只是函数在类中的别称而已。为便于陈述,本书不再区分方法和函数,统一称之为"函数"。

定义类结构的语法如下:

```
class 类名 {
    修饰符 属性名：类型
    constructor(参数名：类型, ...) {
        构造体
    }
    修饰符 函数名(参数名：类型, ...) {
        函数体
    }
}
```

类用关键字 class 声明；建议类名首字母大写；类可以没有属性和函数，也可以有多个；构造函数是用于创建对象的特殊函数，构造函数名用 constructor 表示。

【例 3-1】 定义员工类

```
1.    class Employee {
2.        name : string
3.        salary : number
4.        constructor(name : string, salary : number){
5.            this.name = name
6.            this.salary = salary
7.        }
8.        addSalary(increase : number){
9.            this.salary += increase
10.       }
11.   }
12.   let zhangShan : Employee = new Employee('张珊',5000)
13.   console.log(zhangShan);
14.   zhangShan.addSalary(1000)
15.   console.log(zhangShan.salary);
```

第 1~11 行，用 class 关键字定义了员工类 Employee，类的结构体则封装在一对花括号{}中。

第 2~3 行，定义了类的两个属性：string 类型的 name 和 number 类型的 salary。

第 4~7 行，constructor()为构造函数，是用于创建对象的特殊函数。如 12 行 new Employee('张珊',5000)就是用该构造函数创建员工类 Employee 的对象 zhangShan（变量名首字母小写）。注意，在第 5、6 行中，this.name 和 this.salary 与定义构造函数时传入的参数 name 和 salary 不同，"this.变量名"代表当前对象的属性。第 5、6 行的作用是通过传入的 name 和 salary 参数值初始化对象的两个属性值。关于构造函数的更多细节，可参考 3.1.5 节内容。

第 8~10 行，定义 addSalary()函数，其功能是通过传入参数 increase 的值来改变属性 salary 的值。

第 12 行，用关键字 new 加类名，调用构造函数来创建类 Employee 的对象 zhangShan，同时设置对象 zhangShan 的两个属性 name、salary 的值分别为'张珊'和 5000。

第 13 行，用 console.log()函数输出对象 zhangShan 的值。

第 14 行，调用 addSalary()函数，用于改变对象 zhangShan 的 salary 属性值。

第 15 行，用 console.log()函数输出 zhangShan 的 salary 属性值。

执行结果为：

```
Employee { name: '张珊', salary: 5000 }
6000
```

3.1.2 属性

属性在编程中常常被称为字段(field)或成员变量(member variable)。

属性值一般用于表示实体的具体状态或特征。如定义一个员工类，员工有编号、姓名、性别、基本工资等特征值，也具备是否为应届生、是否在职等状态值，这些都可以在员工类中用属性来表示。

1. 属性定义需要初始化

属性若不是可选类型，则定义时应该初始化(定义时直接赋值)，或在构造函数中进行初始化赋值，否则会出现语法错误。

【例 3-2】 未初始化属性值会出现语法错误

```
1.    class Pet {
2.        name : string
3.        constructor(){
4.        }
5.    }
```

第 2 行，未对属性 name 赋值，也没有在第 3～4 行的构造函数中赋值，会造成编译时报错：

```
Property 'name' has no initializer and is not definitely assigned in the constructor.
```

解决以上语法问题有 3 种方式：定义属性时直接赋值、在构造函数中对属性赋值、设置属性为可选类型。

【例 3-3】 未初始化属性值语法错误，解决方式一：定义属性时直接赋值

```
1.    class Pet{
2.        name : string = 'unknown'
3.        constructor(){}
4.    }
```

第 2 行，定义属性 name 时直接为其赋值'unknown'，不再出现语法错误。

【例 3-4】 未初始化属性值语法错误，解决方式二：在构造函数中对属性赋值

```
1.    class Pet{
2.        name : string
3.        constructor(name : string){
```

```
4.            this.name = name
5.        }
6.   }
```

第 4 行,在构造函数中为属性 name 赋予参数值。

【例 3-5】 未初始化属性值语法错误,解决方式三:设置属性为可选类型

```
1.   class Pet{
2.       name ?: string
3.       constructor(){}
4.   }
5.   let pet = new Pet()
6.   console.log(pet)
```

第 2 行,用问号 ? 设置属性为可选类型,这样属性就不需要初始化了。当然,没有初始化相当于该属性不存在。因此,执行第 6 行语句不会输出属性 name,执行结果为:

```
Pet {}
```

2. 静态属性

除了用于描述对象状态和特征的属性外,还有能描述类的静态特征的属性,即静态属性。

普通属性可被称为实例属性或对象属性,必须先实例化对象,方能使用。而静态属性是属于"类"本身的属性,用 static 关键字声明,无须实例化对象,通过类名就可调用。

【例 3-6】 用 static 关键字声明静态属性并通过类名调用

```
1.   class MathTool{
2.       static pi:number = 3.14
3.   }
4.   MathTool.pi = 3.1415
5.   console.log(MathTool.pi)
```

第 2 行,用关键字 static 声明静态属性 pi。

第 4~5 行,用"类名.静态属性"方式调用 MathTool 类的静态属性 pi。

执行结果为:

```
3.1415
```

3.1.3 函数

函数是复用代码的最基本单位。

对 TypeScript 而言,函数可单独定义,也可以定义在类中。与属性类似,定义在类中的函数也分为实例和静态两种。实例函数属于对象,必须先创建对象才能使用;静态函数属于类,用 static 声明,通过类名直接调用。

【例 3-7】 在类中定义实例函数

```
1.    class MathTool {
2.        els : number[] = []
3.        max(...els : number[]) : number {
4.            els.sort()
5.            return els[els.length - 1]
6.        }
7.    }
8.    let mt = new MathTool()
9.    mt.els = [1,4,2,3,2]
10.   let max = mt.max(1,4,2,3,2)
11.   console.log(max)
```

第 3~7 行，定义 MathTool 类的实例函数 max()。
第 8 行，创建 MathTool 类的对象 mt。
第 10 行，用"对象名.实例函数"方式调用对象 mt 的实例函数 max()。
执行结果为：

```
4
```

【例 3-8】 在类中定义静态函数

```
1.    class MathTool{
2.        static max(...els:number[]):number{
3.            els.sort()
4.            return els[els.length - 1]
5.        }
6.    }
7.    let max = MathTool.max(1,4,2,3,2)
8.    console.log(max)
```

第 2 行，用关键字 static 声明静态函数 max()。
第 7 行，用"类名.静态函数"方式调用类 MathTool 的静态函数 max()。
执行结果为：

```
4
```

3.1.4 存储器与访问器

存储器(setter)和访问器(getter)，就是用来获取和设置属性值的特殊函数。

如果外界可以随意访问属性，就会引发安全问题，这就是引入存储器和访问器来间接访问属性的原因。另外，存储器和访问器实际上为函数结构，因此还可在内部实现一些额外的逻辑功能。

访问器用关键字 get 定义，存储器用关键字 set 定义。

【例 3-9】 定义存储器和访问器

```
1.   class Emp {
2.       constructor(){}
3.       private _name : string
4.       get name() : string{              //访问器
5.           return this._name
6.       }
7.       set name(name : string){          //存储器,不允许有返回类型
8.           this._name = name
9.       }
10.  }
11.  let zs = new Emp()
12.  zs.name = "张珊"                       //实际调用 setter 存储器: set name("张珊")
13.  console.log(zs.name)                  //实际调用 getter 访问器: get name()
```

第 4～6 行,用 get 定义访问器,访问器对属性 _name 做了简单返回。

第 7～9 行,用 set 定义存储器,将输入参数赋值给属性 _name。注意,存储器不允许标注返回值类型,即便是无返回值也不允许使用关键字 void。

第 12～13 行,分别调用存储器 set name("张珊") 和访问器 get name()。

执行结果为:

```
张珊
```

注意,如果编译时有如下报错:

```
TS1056: Accessors are only available when targeting ECMAScript 5 and higher.
```

是因为编译的 ES 版本不支持访问器语法,此时可指定支持该语法的 ES 版本进行编译,如:

```
tsc -t es5 notes.ts
```

访问器和函数一样,也可以是静态的。

【例 3-10】 定义静态的存储器和访问器

```
1.   class Emp {
2.       private static _count : number = 0
3.       constructor(){ Emp._count++ }
4.       static get count() : number{       //定义静态访问器
5.           return Emp._count
6.       }
7.       static set count(num : number){    //定义静态存储器
8.           Emp._count = num
9.       }
10.  }
```

```
11.     console.log(Emp.count)         //0, 实际调用静态访问器: get count()
12.     new Emp()
13.     console.log(Emp.count)         //1, 实际调用静态访问器: get count()
14.     Emp.count = 9                  //1, 实际调用静态存储器: set count(num : number)
15.     console.log(Emp.count)         //9, 实际调用静态访问器: get count()
```

第 4~6 行,用关键字 static 定义静态访问器 get count(),用于返回类 Emp 的静态属性_count 的值。

第 7~19 行,用关键字 static 定义静态存储器 set count(num : number),用于设置 Emp 的静态属性_count 的值。

第 11 行、第 13 行、第 15 行,代码 Emp.count 实际调用了静态访问器 get count()。

第 14 行,代码 Emp.count=9 实际调用了静态存储器 set count(num : number)。

执行结果为:

```
0
1
9
```

3.1.5 构造函数

构造函数又称构造器(constructor),简称构造,是用于创建对象的特殊函数。

对象又称实例。用构造函数创建对象的过程,即为类的实例化过程。

TypeScript 没有指定构造函数时,系统会生成一个默认的无参构造函数。TypeScript 构造函数用 constructor 命名,使用 new 关键字加类名会调用构造函数进行对象的创建。

通常,在实例化对象的过程中会同时初始化其属性值。在构造函数中,可通过关键字 this 来访问当前对象的属性和函数。

【例 3-11】 用构造函数对属性进行初始化

```
1.  class Dog{
2.      name : string
3.      constructor( name : string ){
4.          this.name = name
5.      }
6.  }
7.  let doggie = new Dog("doggie")
8.  console.log(doggie)
```

第 3~5 行,用关键字 constructor 定义了 Dog 类的构造函数。this.name 使用关键字 this 引用了 name 属性,因此 this.name=name 是用初始化属性 name 的值为输入参数 name 赋值。

第 7 行,用关键字 new 调用构造函数,创建 Dog 类对象 doggie。注意,在调用构造函数时,使用了类名 Dog 而非 constructor;传入的实际参数值"doggie"将初始化对象的 name 属性值。

第 8 行,用 console.log()函数输出对象 doggie 的信息。
执行结果为:

```
Dog { name: 'doggie' }
```

注意,若构造函数只对属性进行初始化,则可使用"初始化属性速记写法",令代码更简洁易读。

【例 3-12】 对属性进行初始化,构造函数可使用"初始化属性速记写法"

```
1.    class Cat{
2.        constructor(public name : string ){}
3.    }
4.    let kitty = new Cat('kitty')
5.    console.log(kitty)
```

第 2 行,构造函数中有形式参数 name,但在花括号{}中没有明确对属性 name 赋值,实际上,Cat 类甚至没有声明过 name 属性。
第 4 行,通过构造函数创建对象 kitty。
第 5 行,用 console.log()函数输出对象 kitty。
执行结果为:

```
Cat { name: 'kitty' }
```

Cat 对象内多了属性 name,且值被初始化了。这说明第 2 行构造函数的写法是种初始化属性的缩略结构。它允许在不声明属性的情况下,构造函数写入的参数将成为实例属性,并进行初始化操作。

注意,第 2 行中构造函数的参数上有访问修饰符 public(也可为 protected 或 private),若不写访问修饰符,是不会生成相应属性和对属性进行初始化赋值的。

视频讲解

3.2 对象

在 TypeScript 中,对象可以被视为包含一组键值对的实例,因此,对象可以用字面方式(即使用花括号{})来创建。对象作为类的实例,当然可以通过类的构造函数方式来创建;另外,所有对象都是 Object 的子类对象,因此对象也可以使用 new Object()方式创建。

3.2.1 对象概述

对象是现实问题域中的实体在计算机程序中的映射。
现实中的实体都有自己的特征(或状态)和行为(或功能),如通讯录应用中的李思同学。李思有特征:编号"002"、姓名"李思"、性别"男"、电话号码"138××××0686"、联系地址"北京市双清路 30 号";李思也有行为:修改电话号码、修改联系地址。
在 TypeScript 中,对象可被看成包含一组键值对的实例。其值可以是原始类型,也可以是数组、函数、对象等。

TypeScript 映射实体时，一般将实体的特征、状态转换为属性，将行为、功能转换为函数。映射实体李思同学为对象 lisi，可直观地表示为例 3-13 所示代码。

【例 3-13】 映射实体李思同学为对象 lisi

```
1.    let lisi = {
2.        sno : '002',
3.        name : '李思',
4.        sex : '男',
5.        tel : '138××××0686',
6.        addr : '北京市双清路 30 号',
7.        changeTel : function(tel : string) : void {
8.            this.tel = tel
9.        },
10.       changeAddr : function(addr : string) : void {
11.           this.addr = addr
12.       }
13.   }
```

实体也可以是相对抽象的事物。以实体"圆"为例：其半径值为该实体"圆"的特征、计算半径和计算面积就是该实体"圆"的 2 个功能。

【例 3-14】 实体可以是抽象事物，比如"圆"

```
1.    let circle = {
2.        radius : 10,
3.        getCircumference : function() : number{
4.            return 2 * 3.14 * this.radius
5.        },
6.        getArea : function() : number{
7.            return 3.14 * this.radius * this.radius
8.        }
9.    }
```

3.2.2 创建对象

实际上，在 TypeScript 中创建对象有多种方式。除了直接用字面方式创建对象外，还可以用 new Object() 方式创建，或用构造函数创建。

1. 字面方式创建对象，在定义结构的同时创建对象

【例 3-15】 用字面方式创建对象

```
1.    enum Color{Red, Blonde, Brown, While, Black, Gray}
2.    let doggie = {
3.        name : 'awang',
4.        color : Color.Blonde,
5.        birth : new Date(2020,3,6),
```

```
   6.        skills : [],
   7.        eat : function(){},
   8.        bark : () => {}
   9.    }
  10.    console.log(doggie.birth)
```

第 2~9 行，用字面方式创建对象，内部包含一组键值对。
第 3~6 行，定义 4 个不同类型的属性，分别是 string、枚举、日期和数组类型。
第 7~8 行，定义 2 个函数，第 7 行为普通函数、第 8 行为箭头函数。
第 10 行，用 console.log() 函数输出对象 doggie 的信息。
执行结果为：

```
{
  name: 'awang',
  color: 1,
  birth: 2020 - 04 - 05T16:00:00.000Z,
  skills: [],
  eat: [Function: eat],
  bark: [Function: bark]
}
```

从运行结果看，字面方式成功创建了 doggie 对象。

2. 用 new Object() 方式创建空对象，再按需追加对象属性和函数

在 TypeScript 中，Object 类是所有类的终极父类，new Object() 就是用 Object 类的构造函数创建一个空对象。

【例 3-16】 用 new Object() 方式创建对象

```
   1.    let dogB : any = new Object()              //any 类型
   2.    dogB.name = "awang"
   3.    dogB.eat = function(){}
   4.    dogB.eat()
```

第 1 行，用 new Object() 创建对象 dogB。注意，应声明 dogB 的类型为 any，否则后面为对象动态添加属性或函数时会出现如下报错：

```
Property 'name' does not exist on type 'Object'
```

第 2~3 行，分别动态添加属性和函数。
第 4 行，调用动态增加的 eat() 函数。
以上 new Object() 写法还可以用 Object.create(null) 方式等价替代。

【例 3-17】 用 Object.create(null) 方式创建对象

```
   1.    const dogC = Object.create(null)
   2.    dogC.name = "awang"
   3.    dogC.eat = function(){}
   4.    dogC.eat()
```

3. 由类的构造函数创建对象

3.1.5节已经介绍过,可使用类的构造函数创建对象。

【例3-18】 用类的构造函数创建对象

```
1.    class Dog{
2.        constructor(public name:string ){}
3.    }
4.    let doggie = new Dog('aWang')
5.    console.dir(doggie )
```

第1~3行,定义Dog类,内部构造函数使用"初始化属性速记写法"对属性name进行初始化。

第4行,用关键字new调用构造函数,创建了Dog类对象doggie。

执行结果为:

```
Dog { name: 'aWang' }
```

视频讲解

3.3 继承

继承是面向对象编程中实现"类扩展"的机制,是类层次上的代码复用。

继承就相当于将父类的属性和函数直接定义到了子类中,子类可直接使用这些继承的属性和函数。

3.3.1 继承语法

在TypeScript中,用关键字extends指明继承关系。

继承的基础语法结构如下所示:

```
class 子类 extends 父类
{
    类结构体(属性、构造、函数)
}
```

父类(parent class)又被称为基类(base class)、超类(super class),子类(sub class)又被称为派生类(derived class)。

【例3-19】 子类继承父类

```
1.    class Animal{
2.        constructor(public name : string){}
3.        move(){
4.            console.log(this.name + ' moved')
5.        }
6.    }
7.    class Dog extends Animal{}
```

```
8.    const doggie = new Dog('Kipper')
9.    console.log(doggie)
10.   doggie.move()
```

第 1～6 行，定义 Animal 类，该类包含一个构造函数和一个普通函数。其中第 2 行是构造函数，该构造函数使用了"初始化属性速记写法"，会为 Animal 类加上对属性 name。

第 7 行，用关键字 extends 实现 Dog 类对 Animal 类的继承。此处，子类 Dog 中没有定义属性和函数，但实际上通过继承，相当于 Dog 类有了来自父类的属性 name 和 move() 函数。

第 8 行，用构造函数创建了 doggie 对象。

第 9～10 行，用 console.log() 函数输出对象 doggie 的信息，并调用对象 doggie 的 move() 函数。

执行结果为：

```
Dog { name: 'Kipper' }
Kipper moved
```

从结果看，子类 Dog 继承了父类 Animal 的属性 name 和 move() 函数。

3.3.2 单继承

在 TypeScript 中，类是单继承的，即只能继承一个类，不支持继承多个类。

【例 3-20】 继承多个父类导致编译时报错

```
1.   class Father{}
2.   class Mother{}
3.   class Son extends Father, Mother{}
```

第 3 行，Son 类继承了两个父类，显然继承多个父类会导致语法出错。将鼠标移至下画波浪线处，可观察到相应的错误提示，如图 3-1 所示。

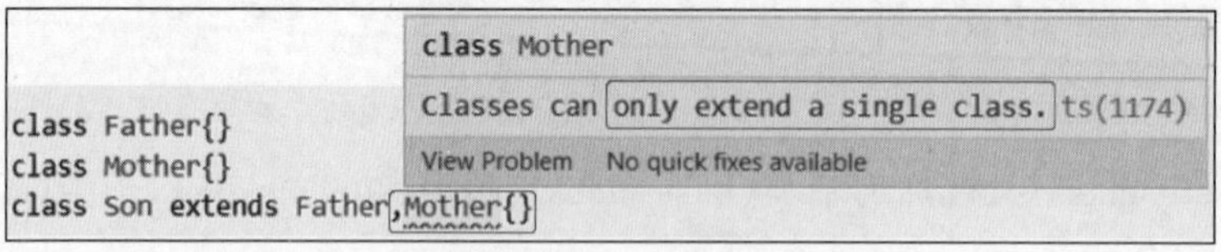

图 3-1 继承多个父类导致语法出错

虽然类不允许多继承，但是允许 A 类继承 B 类，B 类继承 C 类……这种链式的继承满足单继承语法要求。

【例 3-21】 类的单继承"链"

```
1.   class Animal{                        //动物
2.       constructor(public name:string){}
3.   }
```

```
4.    class Mammal extends Animal{          //哺乳动物继承动物
5.        static breastFeed = true
6.        constructor(name:string) {
7.            super(name)
8.        }
9.    }
10.   class Panda extends Mammal{           //熊猫继承哺乳动物
11.       eatBamboo():void{}
12.       constructor(name:string) {
13.           super(name)
14.       }
15.   }
16.   console.log(Panda.breastFeed)
17.   let panpan = new Panda('PanPan')
18.   console.log(panpan.name)
```

第1～3行，定义 Animal 类。

第2行，使用构造函数的"初始化属性速记写法"，为 Animal 类添加属性 name。

第4～9行，定义继承 Animal 类的 Mammal 类，并增加1个静态属性 breastFeed。

第10～15行，定义继承 Mammal 类的 Panda 类，并增加1个 eatBamboo() 函数。

第16行，用 Panda 类直接调用来自其父类 Mammal 的静态属性 breastFeed。

第17行，用构造函数创建 Panda 对象，并通过参数初始化来自父类 Animal 的属性 name。

第18行，通过 panpan.name，访问 panpan 对象继承自 Animal 类的 name 属性。

执行结果为：

```
true
PanPan
```

这说明，TypeScript 是允许单链继承的，即子类可继承父类及其"祖先类"的属性和函数。

3.3.3 函数覆盖与多态

1. 函数覆盖

继承后，若子类中定义了与父类函数签名完全相同的函数（名称相同，参数个数和类型也相同），则被称为函数的覆盖（override）或重写。

【例3-22】 函数覆盖

```
1.    class Animal{
2.        eat() : void {
3.            console.log('animal eated')
4.        }
5.    }
6.    class Dog extends Animal{
7.        eat() : void {
```

```
8.            console.log('dog eated')
9.        }
10.   }
11.   let doggie = new Dog()
12.   doggie.eat()
```

第1~10行,分别定义父类Animal和子类Dog。父类和子类中都有eat()函数,并且函数名和参数形式都相同(都没有参数)。此时子类中的eat()就覆盖了父类中的eat()函数。

第11~12行,创建子类Dog的对象doggie,并调用eat()函数。注意,此时执行的eat()函数应该是子类中的函数。

执行结果为:

```
dog eated
```

从结果看,调用的确实是子类中的函数。若要调用从父类继承的eat()函数,可使用关键字super。

【例3-23】 使用关键字super调用从父类继承的函数

```
1.   class Dog extends Animal{
2.       eat(): void {
3.           console.log('dog eated')
4.           super.eat()
5.       }
6.   }
```

第4行,使用关键字super调用eat()函数,该函数为从父类继承的。

注意,关键字super代表父类对象,因此可用super调用父类对象的属性和函数。

执行结果为:

```
dog eated
animal eated
```

2. 多态

在掌握了函数覆盖的基础上,可进一步深入理解多态特征。

多态(polymorphism)是面向对象编程的一个重要特征。在多态中,同一个函数名可以在不同的类中具有不同的实现。当调用实例的属性和函数时,会根据实例的实际类型进行动态调用,而不是根据声明类型进行调用。

多态行为使开发人员能够以统一的方式处理不同类的对象,而无须关心具体的对象类型。合理应用多态能够提高代码的重用性和可维护性。

【例3-24】 多态特征:根据实例的"实际类型"调用相应的函数

```
1.   class Shape{                      //图形
2.       draw(){ console.log('draw a shape'); }
3.   }
```

```
4.    class Circle extends Shape{        //圆
5.        draw(){ console.log('draw a circle'); }
6.    }
7.    class Square extends Shape{        //正方形
8.        draw(){ console.log('draw a square'); }
9.    }
10.   class ShapeTool{                    //工具类
11.       static doDraw(shape:Shape){
12.           shape.draw()
13.       }
14.   }
15.   let s1 : Shape = new Circle()
16.   ShapeTool.doDraw(s1)
17.   ShapeTool.doDraw(new Square())
```

第 1~9 行，分别定义 3 个类，其中 Shape 是父类，Circle 和 Square 都是 Shape 的子类。3 个类中都有 draw() 函数，子类中的 draw() 函数覆盖了父类中的 draw() 函数。

第 10~14 行，定义工具类 ShapeTool，内部有静态 doDraw() 函数。注意，参数 shape 的类型为父类 Shape，在函数内调用的是 shape 的 draw() 函数。

第 15~16 行，创建对象 s1。注意，s1 的声明类型是 Shape，但实际类型为 Circle。当执行 ShapeTool.doDraw(s1) 时，传入 s1，因此执行 s1.draw() 时，执行的是实际类型 Circle 的函数，而非声明类型 Shape 的函数。这正是多态的表现。

第 17 行，创建 Square 对象并传入 ShapeTool 的 doDraw() 函数，同样执行的是实际类型 Square 的函数，而非声明类型 Shape 的函数。

执行结果为：

```
draw a circle
draw a square
```

3.3.4 this 与 super

前面几个章节中多次提到两个关键字：this 和 super。这里系统地总结一下两者的区别和相应的使用场合。

this 代表当前对象本身，而 super 代表父类对象。

1. 访问属性和函数

this 用于访问当前对象中的属性和函数，当属性和函数不存在时，会自动调用继承自父类对象的属性和函数。使用 super 则可直接调用父类对象中的属性和函数。

【例 3-25】 用 this 和 super 分别调用自身的函数和父类函数

```
1.    class Parent{
2.        doSth() : void {
3.            console.log('parent do sth');
4.        }
5.    }
```

```
6.     class Derived extends Parent{
7.         doSth() : void {
8.             console.log('derived do sth')
9.         }
10.        test(){
11.            this.doSth()
12.            super.doSth()
13.        }
14.    }
15.    let obj = new Derived()
16.    obj.test()
```

第1~5行,定义Parent类,该类内部有一个doSth()函数。

第6~14行,定义Parent类的子类Derived,子类的内部也定义了一个doSth()函数,此外还有一个测试this和super关键字用法的test()函数。注意,在test()中,用this.doSth()和super.doSth()分别调用了本类对象的函数和父类对象的函数。

执行结果为:

```
derived do sth
parent do sth
```

2. 用super调用父类的构造函数

在子类的构造函数中,可使用super调用父类的构造函数。需要注意的是,在子类的构造函数中,用super调用构造函数的代码必须放在有效的第一行上。

【例3-26】 用super调用父类构造

```
1.     class Tag {
2.         constructor(public name : string){}
3.     }
4.     class Img extends Tag{
5.         src : string
6.         constructor(name : string, src : string){
7.             super(name)
8.             this.src = src
9.         }
10.    }
11.    let img = new Img('logo', 'img/logo.png')
12.    console.log(img)
```

第1~3行,定义类Tag。第2行定义构造函数,该构造函数使用"初始化属性速记写法"对属性name进行初始化。

第4~10行,定义类Tag的子类Img,所以类Img会继承类Tag的属性name。

第5行,在类Img中增加属性src。

第6~10行,定义类Img的构造函数。其中第7行super(name)就是调用父类的构造函数,因此会对属性name进行初始化;第8行对属性src进行初始化。

注意，super()必须放在子类的构造函数的第一行，否则会报错。这是因为，创建本类对象前，需先创建父类对象，以便能继承父类对象的属性。

第11~12行，通过构造函数创建类Img的对象img，并用console.log()函数输出对象img的信息。

执行结果为：

```
Img { name: 'logo', src: 'img/logo.png' }
```

3.4 抽象类

抽象类(abstract class)是一种特殊的类。和普通类一样，抽象类可以有属性和函数，但不允许用构造函数直接创建对象。

抽象类通常作为其他类的父类存在，它的主要作用是为子类提供一个通用的模板，定义一些共同的属性和函数。子类需要实现(重写)在抽象类中声明的抽象函数才能创建对象。

在抽象类中，可以定义抽象函数和普通函数。抽象函数是没有具体实现的函数，只有函数签名，因此子类必须实现这些抽象函数。而普通函数则可以有具体的实现。

在class前加关键字abstract来定义抽象类。

【例3-27】 定义抽象类

```
1.    abstract class Shape {
2.        public abstract Draw() : void
3.    }
4.    let s = new Shape()                //抽象类不能直接创建,会报错
```

第1行，关键字class前加了关键字abstract，说明该类是抽象类。

第2行，在函数前加abstract，说明该函数是抽象函数。所谓抽象函数，就是只有函数签名，没有函数体的函数。

注意，若类内部有抽象函数，则相当于类结构部分抽象，那么类在整体上就是个抽象类，此时，必须在class前加abstract关键字，将该类定义为抽象类。反之，抽象类中的函数可以都是非抽象的，并不要求一定要存在抽象函数。

此外，抽象函数是不能加花括号{}的，因为花括号{}代表"实现"，这样的函数就不能被称作抽象函数了。

第4行，创建抽象类Shape的对象，会有如下报错：

```
Cannot create an instance of an abstract class.
```

这说明抽象类无法用构造函数直接创建对象，但可以通过子类进行间接创建。

【例3-28】 通过子类间接创建抽象类对象

```
1.    abstract class Shape {
2.        constructor(public name : string){}
```

```
3.         public abstract draw(): void
4.     }
5.     class Circle extends Shape{
6.         public draw() : void {
7.             console.log('draw a circle')
8.         }
9.         constructor(){
10.            super('circle')
11.        }
12.    }
13.    let c = new Circle()
14.    console.log(c)
```

第 1~4 行,用关键字 abstract 定义抽象类 Shape。

第 5~12 行,定义了抽象类 Shape 的子类 Circle。

第 6~8 行,在子类 Circle 中,对抽象父类 Shape 中的抽象函数 draw()进行实现。

注意,子类中若不实现继承的抽象函数,则子类在整体上就是抽象类,必须用关键字 abstract 标注该子类为抽象类,否则就会出现语法错误。

第 9~11 行,子类 Circle 定义了自己的构造函数,并用关键字 super 调用父类构造函数来初始化继承的 name 属性。

第 13~14 行,创建子类 Circle 的对象 c。注意,在创建子类过程中,会先创建父类对象。虽然此时父类是抽象的,但这并不妨碍它的对象被创建出来。用 console.log()函数输出对象 c 的信息时,可观察到继承自抽象父类的 name 属性值,如下所示:

```
Circle { name: 'circle' }
```

3.5 接口

接口(interface)可被视为更为彻底的抽象类。

抽象类中允许有具体实现函数,甚至可以全部为具体实现函数。而接口本身并不包含任何具体实现函数,仅用于声明必须实现哪些函数,函数的具体功能由子类实现。为此,接口的子类又被称为接口的实现类。

3.5.1 定义接口

在接口中,可以定义属性和抽象函数。另外,与类的单一继承不同,接口可以继承多个必接口。

定义接口的语法如下所示:

```
interface 接口名 [ extends 接口 1, 接口 2 … ] {
    [属性 … ]
    [抽象函数 … ]
}
```

关键字 interface 用于定义接口；关键字 extends 用于继承父接口；接口中可定义属性和抽象函数。

接口是定义了功能的契约，对子类起规范作用，即实现接口的具体子类必须实现接口中的所有抽象函数。

【例 3-29】 用关键字 interface 定义接口 IShape

```
1.   interface IShape{
2.      name:string
3.      // pi:number = 3.14
4.      //static pi:number
5.      draw():void
6.   }
```

第 1 行，用关键字 interface 定义接口 IShape。

第 2 行，声明属性 name。

注意，在接口中，属性不能初始化赋值，如第 3 行会出错。另外，在接口中不允许声明静态属性，如第 4 行会出错。

第 5 行，声明抽象函数 draw()。注意，接口函数默认就是抽象的，接口中的函数不用加也不能加 abstract 关键字。

3.5.2 接口实现类

接口是定义了功能的契约。当类通过关键字 implements 声明要实现接口时，必须具体化接口中所有的抽象函数和属性，否则说明该类违背了实现接口的契约，会出错。

【例 3-30】 接口的实现

```
1.   interface IShape {
2.      getCircumference() : number              //声明抽象函数
3.      getArea() : number                       //声明抽象函数
4.   }
5.   class Circle implements IShape{
6.      constructor(public radius : number){}
7.      getCircumference() : number {            //实现抽象函数
8.         return 2 * Math.PI * this.radius
9.      }
10.     getArea() : number {                     //实现抽象函数
11.        return Math.PI * this.radius * this.radius
12.     }
13.  }
14.  class Square implements IShape{
15.     constructor(public sideLen : number){}
16.     getCircumference() : number {            //实现抽象函数
17.        return 4 * this.sideLen
18.     }
19.     //遗漏 getArea()实现
20.  }
```

第 1~4 行,定义接口 IShape,在接口中声明两个抽象函数。

第 5~13 行,定义接口 IShape 的实现类 Circle。关键字 implements 声明子类要实现接口。因为在类 Circle 中实现了接口 IShape 所有声明的函数,因此语法没有问题。

第 14~20 行,定义接口 IShape 的实现类 Square。因为遗漏了 getArea() 函数的实现,因此语法会出错,如下所示:

```
Class 'Square' incorrectly implements interface 'IShape'.
Property 'getArea' is missing in type 'Square' but required in type 'IShape'.
```

3.5.3 接口多继承

在 TypeScript 中,类之间是单继承的,但接口允许多继承。一旦继承,则子接口将继承所有父接口中的属性和抽象函数。

【例 3-31】 接口的多继承

```
1.  interface Flyable { Fly() : void }
2.  interface Singable { Sing() : void }
3.  interface IfcBird extends Flyable, Singable {}
```

第 3 行,IfcBird 接口用关键字 extends 继承了两个接口,接口间用逗号分隔。

【例 3-32】 实现接口时,它继承的所有函数都得实现

```
1.  interface Flyable { fly() : void }
2.  interface Singable { sing() : void }
3.  interface IfcBird extends Flyable, Singable { jump() : void }
4.  class Parrot implements IfcBird {
5.      fly() : void {}
6.      sing() : void {}
7.      jump() :void{}
8.  }
```

第 3 行,通过多继承,接口 IfcBird 继承了 Flyable 和 Singable 两个接口,同时声明了抽象函数 jump()。

第 4~8 行,类 Parrot 实现了 IfcBird 接口,而接口 IfcBird 又继承了 Flyable 和 Singable 两个接口。因此 Parrot 类需实现 3 个接口中的全部 3 个函数。

3.6 实战闯关——面向对象

针对面向对象编程,需掌握的重点知识和技能为:类的设计、属性设置、类的继承、函数覆盖、接口设计等。

【实战 3-1】 类设计

定义一个商品类,要求如下:

商品属性包括商品编号、商品名称、商品所在分类编号、商品价格、商品图片 URL。

商品函数包括修改商品分类编号、修改商品价格、修改商品图片 URL。

【实战 3-2】 属性设置

定义一个员工类。类中有实例属性 name(姓名)和 salary(工资),还有静态属性 count(员工数)。当创建一个员工对象时,count 的值需加 1。

【实战 3-3】 父类与子类的继承和函数覆盖

定义父类 Shape(图形):内有 whoAmI()函数,输出"我是一个图形"。

定义类 Shape 的子类 Square(正方形):内有代表边长的 width 属性,以及用于计算面积的 getArea()函数。

在 Square 中也定义一个 whoAmI()函数,输出"我是一个边长为 width 的正方形",其中的 width 用 width 属性值代替。

【实战 3-4】 接口与实现类

定义接口 ICustomer,它有 4 个属性:

name(姓名)、tel(联系电话)、addr(联系地址)和 level(客户级别),还有一个用于获取折扣率的抽象函数 getDiscountRate()。

定义接口 ICustomer 的两个实现类 Customer 和 VIP:

Customer 类,设置 Level 的默认值为 0,实现 getDiscountRate()函数返回 1。

VIP 类,设置 Level 的默认值为 1,实现 getDiscountRate()函数返回 0.95。

【实战 3-5】 接口的继承

定义接口 Point,它有 2 个代表坐标的属性:x 和 y,都为 number 类型。

定义接口 Point3D,在 Point3D 内有 3 个代表坐标的属性 x、y 和 z,都为 number 类型。注意,其中 x 和 y 属性需继承自接口 Point。

声明 Point3D 类型变量 p3,将 3 个属性值分别设置为 1、2 和 3。

第 4 章

包 装 类

在 TypeScript 中，boolean、number 和 string 等原始类型数据使用起来非常方便，但是没有对应的函数来操作这些数据。此时，可用 Boolean、Number、String 等类，把相应的原始类型数据"包装"起来，将它们转换为类对象，这些类就叫作包装类（wrapper）。相比于原始类型，包装类内含属性和函数，可执行更多功能性操作。

值得注意的是，TypeScript 会进行一些"智能"的自动包装处理。当使用原始类型值调用相应包装对象的属性和函数时，TypeScript 会自动将原始类型值转换为相应的包装类对象，并且执行相应的操作。另外，包装类对象中的值是只读的，当尝试修改包装类对象时，TypeScript 实际上会创建一个新的包装类对象，而不是修改原有的值。

视频讲解

4.1 Boolean 类

Boolean 包装类对象是原始布尔值 boolean 的包装类对象。

通过 Boolean 类的构造函数，可将原始布尔变量转换为包装类对象。反之，可使用 Boolean 包装类的 value() 函数，将 Boolean 包装类对象转换为 boolean 原始类型值。

注意，Boolean 包装类对象的原始值无论为 true 还是 false，在参与布尔运算过程中，作为非 null 对象都会自动转化为 true 值。

【例 4-1】 Boolean 对象的创建和使用

```
1.    let bObj = new Boolean(false)
2.    let b = bObj.valueOf()
3.    console.log(bObj)
4.    console.log(b)
5.    console.log(bObj && true)
```

第 1 行，通过 new Boolean(false) 将原始类型 boolean 值转换为 Boolean 包装类对象。
第 2 行，用 valueOf() 函数将 Boolean 包装类对象以原始类型 boolean 值返回。

第 3～4 行，分别输出 Boolean 包装类对象值和 boolean 原始类型变量值。

第 5 行，运行逻辑运算。此时注意 Boolean 包装类对象 bObj 对应的原始值虽然为 false，但参与逻辑运算时，bObj 作为非空对象会自动转换为 true 值，因此 bObj&&true 运算的结果为 true。

执行结果为：

```
[Boolean: false]
false
true
```

4.2 Number 类

Number 包装类对象是原始类型 number 的包装对象。

通过 Number 类的构造函数，可将 number 原始数值转换为 Number 类型包装对象。

【例 4-2】 通过 Number 构造函数，将 number 数值转换为 Number 类型包装对象

```
1.    let a : number = 1
2.    let aNum = new Number(a)
3.    console.log(typeof aNum)              //object
```

第 2 行，通过 new Number(a) 将 number 原始类型变量 a 转换为 Number 类型包装对象 aNum。

第 3 行，通过 typeof 判断变量 aNum 的类型，结果为 object。执行结果为：

```
object
```

而通过 Number() 函数，可以将 String 原始类型变量转换为 Number 原始类型。

【例 4-3】 将 String 类型转换为 Number 类型

```
1.    let a = Number('123')
2.    console.log(a, typeof a)
```

执行结果为：

```
123 number
```

4.2.1 Number 常见属性

包装类 Number 的常见属性有：MAX_VALUE、MIN_VALUE、MAX_SAFE_INTEGER、MIN_SAFE_INTEGER、POSITIVE_INFINITY、NEGATIVE_INFINITY、NaN 等，如表 4-1 所示。

表 4-1　包装类 Number 的常见属性

属性名	描述	示例	结果
MAX_VALUE	Number 可表示的最大值,接近 1.79e+308	Number.MAX_VALUE	1.7976931348623157e+308
MIN_VALUE	Number 可表示的最小绝对值,约为 5e-324。当绝对值远小于 MIN_VALUE 时,会自动转换为 0	Number.MIN_VALUE Number.MIN_VALUE * 0.5	5e-324 0
MAX_SAFE_INTEGER	可精确表示的最大整数值:9007199254740991	Number.MAX_SAFE_INTEGER Number.MAX_SAFE_INTEGER+10	9007199254740991 9007199254741000 (运算结果显然不准确)
MIN_SAFE_INTEGER	可精确表示的最小整数值:-9007199254740991	Number.MIN_SAFE_INTEGER	-9007199254740991
POSITIVE_INFINITY	正无穷大。当大于 MAX_VALUE 时会溢出,返回正无穷大值	Number.POSITIVE_INFINITY Number.MAX_VALUE * 1.000000001	Infinity Infinity
NEGATIVE_INFINITY	负无穷大。当小于 MIN_VALUE 时会溢出,返回负无穷大值	Number.NEGATIVE_INFINITY Number.NEGATIVE_INFINITY-1	-Infinity -Infinity
NaN	非数值(Not A Number)数值除以 0 的结果为 NaN,NaN 参与运算结果为 NaN	Number.NaN 0/0 Number.NaN + 1 Number.NaN + Infinity	NaN NaN NaN NaN

Infinity 和 -Infinity 参与表达式运算时其结果较为复杂,如表 4-2 所示。当然,因为在现实项目中使用较少,因此不用强记表中规则,需要时查阅即可。

表 4-2　Infinity 和 -Infinity 参与表达式运算

表达式	结果
Infinity + Infinity	Infinity
Infinity - Infinity	NaN
Infinity * Infinity	Infinity
Infinity / Infinity	NaN
-Infinity + -Infinity	-Infinity
-Infinity - -Infinit	NaN
-Infinity * -Infinity	Infinity
-Infinity / -Infinity	NaN
Infinity / 0	Infinity
Infinity / 1.0	Infinity
Infinity / -1.0	-Infinity
-Infinity / 0	-Infinity
-Infinity / 1.0	-Infinity
-Infinity / -1.0	Infinity
1 / Infinity	0

续表

表 达 式	结 果
1.0 / Infinity	0
－1.0 / Infinity	－0
0 / Infinity	0
1 / －Infinity	－0
1.0 / －Infinity	－0
－1.0 / －Infinity	0
0 / －Infinity	－0

注：表中有些运算结果为－0，实际与0等值。

4.2.2 Number 常见函数

包装类 Number 的常见函数有：toExponential()、toFixed()、toLocaleString()、toPrecision()、toString()、valueOf()等，如表 4-3 所示。

表 4-3 包装类 Number 的常见函数

属 性 名	描 述	示 例	结 果
toExponential()	将值转换为指数记数法	let arear=new Number(3.1415926 * 10 * 10) let expArea:string=arear.toExponential() console.log(expArea)	3.1415926e+2
toFixed()	指定小数位的个数	let num = 123.456 console.log(num.toFixed()) console.log(num.toFixed(2)) console.log(num.toFixed(5))	123 123.46 123.45600
toLocaleString()	数值做本地化格式输出。可指定本地化参数	let num = new Number(12345.6789) console.log(num.toLocaleString()) console.log(num.toLocaleString('de-DE'))	12,345.679 12.345,679
toPrecision()	指定数值的有效位。有效位范围值为 0~21	let num = 12345.6789 console.log(num.toPrecision()) console.log(num.toPrecision(3)) console.log(num.toPrecision(5)) console.log(num.toPrecision(7))	12345.6789 1.23e+4 12346 12345.68
toString()	指定基数输出。省略则基数为 10	let num = 12 console.log(num.toString()) console.log(num.toString(2)) console.log(num.toString(8)) console.log(num.toString(16))	12 1100 14 c
valueOf()	返回原始数字值	let num = new Number(10) let n:number = num.valueOf() console.log(n+1)	11

此外注意，对于 NaN 值的判断较为特殊，必须要用 isNaN()函数，不可使用==操作符进行判断。

【例 4-4】 用 isNaN()函数判断变量值是否为 NaN 值

```
1.    let n = NaN
2.    console.log( n == NaN, isNaN(n))              //false true
```

执行结果为：

```
false true
```

4.3 String 类

String 类对象是原始字符串值 string 的包装对象。

通过 String 类的构造函数，可将原始字符串值变量转换为包装对象。直接使用函数 String() 可以将任意类型值转换为原始字符串值。

【例 4-5】 String 构造函数和 String()函数的使用

```
1.    let a : string = 'TypeScript'
2.    const aObj = new String(a)
3.    console.log(typeof aObj, aObj)                //object [String: 'TypeScript']
4.    let b = String(123)
5.    console.log(typeof b, b)                      //string 123
```

第 2 行，通过 new String(a)将 string 类型变量 a 转换为包装类 String 的对象 aObj。
第 3 行，通过 typeof 判断变量 aObj 的类型，结果为 object。
第 4 行，使用 String()函数将数值类型值 123 转换为原始字符串类型。
第 5 行，通过 typeof 判断变量 b 的类型，结果为 string。
执行结果为：

```
object [String: 'TypeScript']
string 123
```

4.3.1 String 常见属性

包装类 String 的常见属性为 length。

【例 4-6】 判断字符串变量 pwd 长度是否在[3,20]位之内

```
1.    function isValidPwdLen(pwd : string) : boolean{
2.        if(pwd.length >= 3 && pwd.length <= 20){
3.            return true
4.        }
5.        return false
6.    }
```

```
7.    console.log(isValidPwdLen('12'))
8.    console.log(isValidPwdLen('12345'))
```

第 2 行，通过 pwd.length 获取 pwd 字符串的长度。注意，pwd 是原始类型 string 变量，但可直接调用 length 属性，这是因为 TypeScript 自动进行了包装处理，即自动将 string 原始类型值转换为 String 包装类对象。

第 7~8 行，进行了函数测试。

执行结果为：

```
false
true
```

4.3.2 String 常见函数

包装类 String 的常见函数有：charAt()、charCodeAt()、indexOf()、lastIndexOf()、concat()、slice()、substring()、split()、match()、search()、localeCompare()、replace()、toUpperCase()、toLowerCase()、valueOf()等，如表 4-4 所示。

表 4-4 包装类 String 的常见函数

属性名	描述	示例	结果
charAt()	返回指定下标处的字符。注意，下标从 0 开始，等价于用下标直接访问，如：s[0]	let ts = 'TypeScript' let abbr=ts.charAt(0)+ts.charAt(4) console.log(abbr) console.log(ts[0]+ts[4])	TS TS
charCodeAt()	返回指定下标处字符的 Unicode 编码值	let ts = 'TypeScript' let code=ts.charCodeAt(0) console.log(typeof code,code)	number 84
indexOf()	确定子字符串在原字符串中首次出现的位置。不匹配时返回−1。第二个参数表示开始比较的位置	let ts = 'TypeScript' console.log(ts.indexOf('p')) console.log(ts.indexOf('java')) console.log(ts.indexOf('p',4))	2 −1 8
lastIndexOf()	确定子字符串在原字符串中最后一次出现的位置。不匹配时返回−1。第二个参数表示开始比较的位置	let ts = 'TypeScript' console.log(ts.lastIndexOf('p')) console.log(ts.lastIndexOf('p',7)) console.log(ts.lastIndexOf('java'))	8 2 −1
concat()	返回连接多个字符串的结果。注意，该操作不会改变原字符串的值，等效于用＋号拼接	let ts='TypeScript',js='JavaScript' let sep = ',' let str1=ts.concat(sep,js) let str2=ts + sep + js console.log(str1) console.log(str2)	TypeScript,JavaScript TypeScript,JavaScript

续表

属性名	描述	示例	结果
slice()	通过下标提取字符串的片段。不改变原字符串的值。如果第一个参数大于第二个参数,则返回空字符串	let ts = 'TypeScript' console.log(ts.slice(0,4)) console.log(ts.slice(5,4).length)	Type 0
substring()	通过下标提取字符串的片段。不改变原字符串。如果第一个参数大于第二个参数,则会互换两个参数的位置。若只有1个参数则提取该位置到结束字符	let ts = 'TypeScript' console.log(ts.substring(0,4)) console.log(ts.substring(6,4)) console.log(ts.substring(4))	Type Sc Script
split()	分割字符串为字符串数组。第一个参数为分割符,第二个参数用于限定返回数组的最大元素个数	let names = 'ada/bob/Cara' console.log(names.split('/')) console.log(names.split('/',2))	['ada','bob','Cara'] ['ada','bob']
match()	判断是否匹配某个正则表达式。返回一个数组,含有找到首个子字符串的下标。如果没有找到匹配项,则返回 null	let str = 'a fat cat catches a bat' let matches:any = str.match('at') console.log(matches.index) console.log(matches) console.log(str.match('aa'))	3 ['at',index:3,input: 'a fat cat catches a bat', groups:undefined] null
search()	检索与正则表达式相匹配的值,返回为索引值	let str = 'a fat cat catches a bat' let idx:number = str.search('at') console.log(idx)	3
localeCompare()	用本地化特征来比较两个字符串。第一个字符串比较第二个字符串,若小于则返回负数、等于,返回0、大于,返回正数	console.log('C'.localeCompare('J')) console.log('C'.localeCompare('C')) console.log('J'.localeCompare('C'))	-1 0 1
replace()	替换与正则表达式匹配的子字符串。不改变原字符串	let s1 = 'JavaScript' let s2 = lang.replace('Java','Type') console.log(s2)	TypeScript
toUpperCase()	将字符串转换成大写形式	let lang = 'JavaScript' let newLang = lang.toUpperCase() console.log(newLang)	JAVASCRIPT
toLowerCase()	将字符串转换成小写形式	let lang = 'JavaScript' let newLang = lang.toLowerCase() console.log(newLang)	javascript
valueOf()	返回原始 string 类型值	let obj = new String('TS') let s = obj.valueOf() console.log(typeof s,s)	string TS

利用 localeCompare() 函数可对字符串数组元素进行排序,也可对对象数组中元素的字符串属性进行排序。

【例 4-7】 对图书对象数组进行名称排序

```
1.    let books = [
2.        { name: '软件工程导论与项目案例教程', isbn: '9787302614616' },
3.        { name: 'React 全栈式实战开发入门', isbn: '9787302615590' },
4.        { name: '大数据分析——预测建模与评价机制', isbn: '9787302610274' },
5.    ]
6.    books.sort((a, b) => (a.name).localeCompare(b.name))
7.    console.log(books)
```

第 1~5 行，定义对象数组 books，该数组有 3 个对象元素，每个对象分别有 2 个属性值：name 和 isbn。

第 6 行，通过 books.sort()函数对 books 数组进行排序。排序的函数是一个比较函数，这里使用 localeCompare()函数根据图书对象的 name 属性进行比较。

第 7 行，查看排序效果。

执行结果为：

```
[
    { name: '大数据分析——预测建模与评价机制', isbn: '9787302610274' },
    { name: '软件工程导论与项目案例教程', isbn: '9787302614616' },
    { name: 'React 全栈式实战开发入门', isbn: '9787302615590' }
]
```

4.3.3 正则表达式

视频讲解

正则表达式(regular expression)是一种描述字符串结构的语法规则。用于验证字符串是否匹配这个特征，从而实现文本查找、替换、截取内容等高级操作。在 TypeScript 中，test()、exec()、match()、search()和 replace()等多个函数都采用正则表达式进行处理。

1. 正则表达式的 2 种写法

TypeScript 中有 2 种正则表达式写法。

1) 用字面量定义正则表达式

用斜杠表示开始和结束，如下所示：

```
/模式/修饰符
```

例如：

```
/(\S)*.proto/i
```

注意，尾部的修饰符在语法上可省略。

2) 用 RegExp 构造函数定义正则表达式

RegExp 构造函数以正则表达式作为参数，如下所示：

```
new RegExp('模式', '修饰符')
```

例如：

```
new RegExp('.*\.proto', 'i')
```

注意，第二个参数的修饰符在语法上可省略。

使用字面量定义正则表达式的方式相对简便和直观，在实际开发中更为常用。另外 RegExp 构造函数在运行时才建立正则表达式，相对低效。为此，本书将采用字面量定义正则表达式。

【例 4-8】 用正则表达式匹配处理

```
1.    let str = 'Java、JavaScript、TypeScript'
2.    const regExp = /Java/
3.    console.log(regExp.test(str))
4.    console.log(regExp.exec(str))
```

第 2 行，用字面量方式定义正则表达式/Java/。

第 3 行，用 test() 函数测试字符串 str 是否符合正则表达式，返回值为布尔值。

第 4 行，用 exec() 函数返回正则处理的结果。若无匹配项则会返回 null，有匹配项则以数组形式返回结果。

执行结果为：

```
true
[
  'Java',
  index: 0,
  input: 'Java、JavaScript、TypeScript',
  groups: undefined
]
```

2. 正则表达式修饰符：i、g、m

正则表达式中除了表达式本体之外，还可添加与应用场合相关的修饰符。正则表达式修饰符有 3 种：i 代表查找匹配子字符串时"忽略大小写"、g 代表查找"所有"匹配到的子字符串、m 代表可在"多行"字符串中查找匹配子字符串。

【例 4-9】 忽略大小写进行正则匹配

```
1.    let str = 'Java、JavaScript、TypeScript'
2.    const regExp = /script/i
3.    console.log(regExp.test(str))
4.    console.log(regExp.exec(str))
```

第 2 行，使用 i 修饰符时，正则表达式将不区分字母的大小写。

第 3～4 行，分别用 test() 函数测试是否存在匹配，用 exec() 函数返回匹配结果。

执行结果为：

```
true
[
  'Script',
```

```
        index: 9,
        input: 'Java、JavaScript、TypeScript',
        groups: undefined
]
```

【例 4-10】 查找所有匹配的子字符串

```
1.    let str = 'Java、JavaScript、TypeScript'
2.    const regExp = /Script/g
3.    console.log(regExp.test(str))
4.    console.log(str.match(regExp))
```

第 2 行，用 g 修饰符时，正则表达式将进行全局匹配操作，找出所有匹配的子字符串。

第 3 行，用 test() 函数测试是否存在匹配项。

第 4 行，用 match() 函数返回匹配结果。此时因为有 g 修饰，所以可找出 2 个 'Script' 子字符串。

执行结果为：

```
true
[ 'Script', 'Script' ]
```

【例 4-11】 进行多行字符串匹配查询

```
1.    let str = 'Java\nJavaScript\nTypeScript'
2.    const regExp = /Script$/mg
3.    console.log(regExp.test(str))
4.    console.log(str.match(regExp))
```

第 1 行，字符串 str 中有 2 个换行符\n，说明 str 是个多行字符串。

第 2 行，用 g 修饰符做全局匹配操作，同时用 m 修饰符做多行查找。

第 3 行，用 test() 函数测试是否存在匹配。

第 4 行，用 match() 函数返回匹配结果。此时因为使用 g 和 m 修饰，所以可找出 2 个 'Script' 子字符串。

执行结果为：

```
true
[ 'Script', 'Script' ]
```

注意，对于代码第一行，在实际使用中，可使用反向单引号 ` 改写成如下换行形式，运行结果不变：

```
let str = `JavaJavaScript
TypeScript`
```

3. 正则表达式模式

正则表达式由一些普通字符和一些元字符(meta character)组成。

普通字符是指字母和数字这样的普通字符，它们在正则表达式中表示它们本身。

而元字符是具有特殊含义的字符，在正则表达式中用于表示一些模式或规则。正则表达式中的常用元字符如表 4-5 所示。

表 4-5　正则表达式中的常用元字符

元字符	描述	示例	结果
^	作用一：表示字符串行首；作用二：匹配不在指定范围内的字符	let m=/^Type/.test('Type Script') console.log(m) m=/^[^\d]*$/.test('ada') console.log(m) m=/^[^\d]*$/.test('ada1') console.log(m)	true true false
$	表示字符串行尾	let m=/^[^\d]*$/.test('ada') console.log(m) m=/^[^\d]*$/.test('ada1') console.log(m)	true false
.（点号）	表示除换行符之外的任意一个字符	let m=/l….g/.test('looooog!') console.log(m) m=/l..g/.test('looooog') console.log(m);	true false
[]	用于定义字符集，代表中括号内的任意一个字符。 注：下面的[a−z]、[0−9]、[^a−z]为更多用法	console.log(/[abcd]/.test('Adam')) console.log(/[abcd]/.test('Bob')) console.log(/[abcd]/.test('Chris'))	true true false
[a−z]	表示任意一个小写英文字符。 用−代表范围，如[A−Z]表示任意一个大写的英文字符	let m=/^[a-z][a-z][a-z]$/.test('ada') console.log(m) m=/^[a-z][a-z][a-z]$/.test('cindy') console.log(m)	true false
[0−9]	表示一个数字字符。 [0−1]则代表 0 和 1 两个字符中的一个	let m=/^[0-1][0-1][0-1]$/.test('021') console.log(m) m=/^[0-1][0-1][0-1]$/.test('010') console.log(m)	false true
[^a−z]	表示一个非小写英文字符。 另外，[^A−Z]表示任意一个不是大写英文字符的字符	let m=/[^a-z][^a-z]$/.test('A1') console.log(m) m=/[^a-z][^a-z]$/.test('a1') console.log(m)	true false
\	某些字符前加\形成转义符，如\n 匹配换行符、\t 匹配制表符、\\匹配\、\(匹配(	let m=/…:\t[0-9][0-9]/.test('ada:\t18') console.log(m) m=/…:\t[0-9][0-9]/.test('ada： 18') console.log(m)	true false
\d	表示一个数字字符，等价于[0−9]	let m=/\d\d\d/.test('123 四五六') console.log(m)	true
\D	表示一个非数字的字符	let m=/\D\D\D/.test('123 四五六') console.log(m)	true

续表

元字符	描述	示例	结果
\w	表示一个字符,包括数字、大写字母、小写字母、下画线。等价于[A-Za-z0-9_]	let m=/\w\w\w\w/.test('Aa_1') console.log(m)	true
\W	表示一个字符,字符不可以是数字、大写字母、小写字母、下画线。等价于[^A-Za-z0-9_]	let m=/\W\W\W\W/.test('Aa_1') console.log(m)	false
\s	匹配任何不可见字符。等价于[\f\n\r\t\v]	let m=/\s/.test('abc\t123') console.log(m)	true
\S	匹配任何可见字符。等价于[^\f\n\r\t\v]	let m=/\S/.test('\t\n') console.log(m)	false
?	表示0个或1个字符	let m=/\w?est/.test('best') console.log(m) m=/\w?est/.test('est') console.log(m)	true true
*	表示0个或多个字符	let m=/be*st/.test('beeeest') console.log(m) m=/be*st/.test('bst') console.log(m)	true true
+	表示1个或多个字符	let m=/be+st/.test('beeeest') console.log(m) m=/be+st/.test('bst') console.log(m)	true false
{n}	表示匹配确定的n次	let m=/lo{2}ng/.test('loong') console.log(m) m=/lo{2}ng/.test('loooong') console.log(m)	true false
{n,}	表示至少匹配n次	let m=/lo{2,}g/.test('loog') console.log(m) m=/lo{2,}g/.test('looooog') console.log(m)	true true
{m,n}	表示至少匹配m次至多匹配n次	let m=/lo{2,4}g/.test('loog') console.log(m) m=/lo{2,4}g/.test('looooog') console.log(m)	true false
|	或运算,匹配|两边字符之一	let m=/b|fest/.test('best') console.log(m) m=/b|fest/.test('fest') console.log(m)	true true
( )	组操作,将(和)之间的表达式定义为组	let exp=/(small)|(long)est/ console.log(exp.test('smallest')) console.log(exp.test('longest')) console.log(exp.test('shortest'))	true true false

正则表达式在前端开发中非常实用和高效,特别适用于表单验证和文本处理等场合。以下是一些常见的应用场景案例。

【例 4-12】 匹配中文字符

```
1.    let exp = /^[\u4e00-\u9fa5]+$/
2.    console.log(exp.test('中文字符一个或多个'))
```

第 1 行,[\u4e00-\u9fa5]代表了中文字符的 Unicode 值范围,即任意一个中文字符。

执行结果:

```
true
```

【例 4-13】 匹配非单字节字符

```
1.    let exp = /^[^\x00-\xff]+$/
2.    console.log(exp.test('你好こんにちは안녕하세요'))
```

第 1 行,[\x00-\xff]代表 ASCII 码范围,即任意一个单字节字符。此处的[^\x00-\xff]则为非单字节字符。

第 2 行,"你好こんにちは안녕하세요"中有中文、日文和韩文,都是非单字节字符,满足正则测试要求。

执行结果:

```
true
```

【例 4-14】 匹配 HTML 标记

```
1.    let exp = /<(.*)>.*<\/\1>|<(.*) \/>/
2.    console.log(exp.test('<title>测试</title>'))
3.    console.log(exp.test('<img src= />'))
4.    console.log(exp.test('<img src= >'))
```

第 1 行,\1 是第一个分组匹配到的内容,也就是引用了第一个()匹配到的内容。同理,\2 匹配第 2 个分组匹配到的内容,以此类推。

执行结果:

```
true
true
false
```

【例 4-15】 匹配 E-mail 地址

```
1.    let exp = /^([\w_\-\.])+@([\w_\-\.])+\.([a-zA-Z]{2,})$/
2.    console.log(exp.test('ada.i-t@163.com'))
3.    console.log(exp.test('bo b@163.cc'))
```

执行结果：

```
true
false
```

【例 4-16】 匹配 11 位手机号码

```
1.    let exp = /^1\d{10}$/
2.    console.log(exp.test('13701820697'))
3.    console.log(exp.test('1370182069'))
```

执行结果：

```
true
false
```

【例 4-17】 匹配"年-月-日"格式日期

```
1.    let exp = /^(\d{4}|\d{2})-((1[0-2])|(0?[1-9]))-(([12][0-9])|(3[01])|(0?[1-9]))$/
2.    console.log(exp.test('2012-09-12'))
3.    console.log(exp.test('12-11-02'))
4.    console.log(exp.test('12-1-2'))
5.    console.log(exp.test('12-1-002'))
```

第 1 行，年份可以是 4 位数值字符或 2 位数值字符；月份可以是 2 位或 1 位；日值可以是 2 位和 1 位，并且不能超过 31。

执行结果：

```
true
true
true
false
```

4.4 实战闯关——包装对象、正则表达式

在本章中，需要特别注意掌握包装类 Boolean、Number 和 String 的常用函数和属性的使用。另外，正则表达式的知识点相对复杂，需要多加实践从而更好地理解和应用。

【实战 4-1】 包装类综合练习

实践步骤：

(1) 声明 3 个变量，赋予 1～100 的随机整数。

提示：产生 1～100 随机数的代码为 Math.round(Math.random()*99+1)。

(2) 将 3 个数值都转换为字符串类型变量。

(3) 用逗号将 3 个字符串拼接起来。

(4) 根据逗号分隔 3 个字符串值。

(5) 将3个字符串值转换为3个数值变量。
(6) 计算3个值的平均数,请保留2位小数。
(7) 判断平均值是否大于50,将判断结果赋值给布尔变量 isLargerThan50。

【实战 4-2】 图书排序

有如下图书对象数组:

```
let books = [
    { name: '软件工程导论与项目案例教程', isbn: '9787302614616' },
    { name: 'React 全栈式实战开发入门', isbn: '9787302615590' },
    { name: '大数据分析——预测建模与评价机制', isbn: '9787302610274' },
]
```

写代码,将图书对象数组 books 中的元素按照 isbn 值排序。

【实战 4-3】 查找<img>标签。

有如下所示字符串变量 str:

```
let str = `<body>
 <img src = '1.jpg' /><IMG src = '2.png' /><Img src = '3.jepg' />
<body>`
```

写代码,用正则表达式找出所有 img 标签。注意,无论大小写,所有 img 都需找出。

【实战 4-4】 校验邮政编码

匹配规则:邮政编码共 6 位,第一位值为 1~9,后 5 位值为 0~9。

写代码,实现对邮政编码的校验。

【实战 4-5】 检查居民身份证号码是否合法

匹配规则:中国居民的居民身份证号为 18 位,含义如图 4-1 所示。

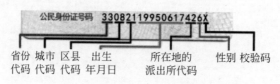

图 4-1 居民身份证 18 位数字的含义

规则可细化为:

(1) 省份代码 6 位:代表户籍所在省、市、区县的编号。其中,第一位为非 0 数字,后 5 位为 0~9。

(2) 年份 4 位:1800—2399 年。

(3) 月份 2 位。

(4) 日期 2 位。注意,闰年不必做校验处理。

(5) 派出所代码 2 位:2 位都是 0~9 的数值。

(6) 性别 1 位:为 0~9 的数字,奇数代表男性,偶数代表为女性。

(7) 校验码:1 位,可以为 0~9 的数字,或者 X。

编写正则表达式及相关代码,实现居民身份证号校验功能。

第 5 章

集合类型

集合(collection)是用于存储多个元素的数据结构。TypeScript 中的数组、元组(tuple)、集合(set,一种特殊的 collectim)、映射(map)等类型都可被视作集合类型。

视频讲解

5.1 数组

2.1.4 节已经简单介绍过数组。数组是一种有序的集合,可以存储相同类型的多个元素。它可以通过索引访问元素,并且可以动态调整大小。

5.1.1 创建数组对象

有两种方式创建数组对象,一种是用符号[]直接加元素创建,另一种使用泛型类 Array 来创建。

【例 5-1】 用两种方式创建数组对象

```
1.   let fabs:number[] = [1,1,2,3,5]
2.   console.log(fabs)
3.   let nums:Array<number> = new Array(1,1,2,3,5)
4.   nums[7] = 21              //TypeScript 中数组是自动增长的,没有下标越界问题
5.   console.log(nums)
```

第 1 行和第 3 行,分别用两种方式创建数组对象。

第 4 行,设置下标 7 对应的元素值。注意,nums 数组只有 5 个元素,下标 7 显然超过了下标[0,4]的范围值,但由于在 TypeScript 中数组是自动增长的,因此没有产生下标越界问题。

执行结果为:

```
[ 1, 1, 2, 3, 5 ]
[ 1, 1, 2, 3, 5, <2 empty items>, 21 ]
```

5.1.2 Array 类常用函数和属性

Array 类的常用函数如表 5-1 所示。

表 5-1 Array 类的常用函数和属性

函　数	描　述
concat()	拼接数组,并返回结果
join()	将元素值合并为一个字符串。默认用逗号连接,可指定连接符
every()	通过回调函数判断是否每个元素都满足条件
some()	通过回调函数判断是否存在满足条件的元素
filter()	通过回调函数遍历每个元素,返回满足条件的元素
map()	通过回调函数处理每个元素,返回处理后的数组
reduce()	通过回调函数遍历每个元素,并计算为一个值。注:reduce 具有缩小归纳之意
forEach()	通过回调函数遍历每个元素,对每个元素都执行一次
indexOf()	正向搜索元素首次出现的位置
lastIndexOf()	反向搜索元素首次出现的位置
push()	在数组尾部追加一个或多个元素,返回为数组长度
pop()	弹出数组尾部元素,并返回该元素
shift()	弹出数组头部元素,并返回该元素
unshift()	在数组头部追加若干元素,并返回长度
splice()	删除指定下标开始的若干元素。可选操作:在删除时可插入若干元素
slice()	获取起始下标到结束下标之间的元素。注意,不会获取结束下标处元素
reverse()	将数组的元素进行倒序排列
sort()	将数组的元素进行正序排序

【例 5-2】 连接操作:数组拼接成新数组时用 concat(),元素连接成字符串时用 join()

```
1.    let ary = [1,1,2]
2.    let fabs = ary.concat([3,5,8])      //拼接数组,并返回结果
3.    console.log(fabs)                    //[ 1, 1, 2, 3, 5, 8 ]
4.    let str = fabs.join()                //元素值合并为一个字符串,默认连接符为逗号
5.    console.log(str)                     //1,1,2,3,5,8
6.    str = fabs.join('/')
7.    console.log(str)                     //1/1/2/3/5/8
```

第 2 行,用 concat()函数,将 ary 中元素和[3,5,8]中元素拼接为一个新的数组。
第 4 行,用 join()函数,将元素值合并为一个字符串。注意,默认连接符为逗号","。
第 6 行,用 join()函数,指定斜杠符/作为连接符,将数组中元素合并为一个字符串。
执行结果为:

```
[ 1, 1, 2, 3, 5, 8 ]
1,1,2,3,5,8
1/1/2/3/5/8
```

通常使用 every()和 some()函数来判断元素是否满足条件。都满足用 every(),部分满

足用 some()。

【例 5-3】 判断元素条件：都满足用 every() 函数、部分满足用 some() 函数

```
1.   let fabs = [ 1, 1, 2, 3, 5, 8 ]
2.   let everyOdd = fabs.every(          // 每个元素是否都满足条件
3.       (value, index, array) => value % 2 == 1
4.   )
5.   console.log(everyOdd)               //false
6.   let someOdd = fabs.some(            // 是否存在元素满足条件
7.       (value, index, array) => value % 2 == 1
8.   )
9.   console.log(someOdd)                //true
```

第 2~4 行，在 every() 函数中使用回调函数（此处为箭头函数）来判断：fab 数组的每个元素是否都为奇数。

第 6~8 行，在 some() 函数中使用回调函数（此处为箭头函数）来判断：fab 数组中是否存在为奇数的元素。

执行结果为：

```
false
true
```

另有 filter()、map()、reduce()、forEach() 等函数也使用回调函数，可在遍历元素过程中实现一些特殊功能。

【例 5-4】 filter()、map()、reduce()、forEach() 函数使用

```
1.   let allOdd = [1,1,2,3,5,8].filter(       //对每个元素进行判断,返回满足条件的元素
2.       (value, index, array) => value % 2 == 1
3.   )
4.   console.log(allOdd)                      //[ 1, 1, 3, 5 ]
5.
6.   let scoresChg = [36,49,64].map(Math.sqrt) //[ 6, 7, 8 ] // 遍历元素,映射为新值
7.   console.log(scoresChg)
8.
9.   let sum = [1,1,2,3].reduce (              //遍历元素,并计算为一个值
10.      (total,e) => total + e
11.  )
12.  console.log('total = ',sum);
13.
14.  [1,1,2,3].forEach( //遍历元素,每个元素都执行一次
15.      (value, index, array) => {
16.          console.log(index + ': ',value)
17.  })
```

第 1~3 行，在 filter() 函数中通过回调函数遍历每个元素，当元素满足条件时，将其放入返回数组。

第 6 行，在 map() 函数中通过回调函数遍历每个元素，用指定函数映射处理每个元素，

并将结果放入返回数组。

第 9～11 行，在 reduce() 函数中通过回调函数遍历每个元素，并计算为一个值。注意，回调函数有两个参数：第 1 个参数存放计算值，第 2 个参数为遍历的元素。

第 14～17 行，在 forEach() 函数中通过回调函数遍历每个元素，每个元素都被执行一次。

执行结果为：

```
[ 1, 1, 3, 5 ]
[ 6, 7, 8 ]
total = 7
0: 1
1: 1
2: 2
3: 3
```

搜索元素出现的位置有两个函数：正向搜索用 indexOf()，反向搜索用 lastIndexOf()。

【例 5-5】 搜索元素出现的位置

```
1.    let fabs = [ 1, 1, 2, 3, 5, 8 ]
2.    console.log(fabs.indexOf(1))          //0 正向搜索元素首次出现的位置
3.    console.log(fabs.lastIndexOf(1))      //1 反向搜索元素首次出现的位置
```

第 2 行，使用 indexOf() 函数正向搜索元素 1 首次出现的位置。

第 3 行，使用 lastIndexOf() 函数反向搜索元素 1 首次出现的位置。

执行结果为：

```
0
1
```

元素追加、弹出、在指定位置进行删除或添加、获取指定区间元素等操作，也有相应的函数。

【例 5-6】 元素追加、弹出、在指定位置进行删除或添加、获取指定区间元素操作

```
1.    let ary = [0,1,2]
2.    let len = ary.push(3)        //在尾部追加一个或多个元素，返回数组长度
3.    console.log(ary, len)        //[ 0, 1, 2, 3 ] 4
4.    let el = ary.pop()           //在尾部弹出元素，并返回该元素
5.    console.log(ary, el)         //[ 0, 1, 2 ] 3
6.    el = ary.shift()             //在头部弹出元素，并返回该元素
7.    console.log(ary, el)         //[ 1, 2 ] 0
8.    len = ary.unshift(-1, 0)     //在头部追加一个或多个元素，并返回数组长度
9.    console.log(ary, len)        //[ -1, 0, 1, 2 ] 4
10.
11.   ary = [0,1,2,3,4,5]
12.   ary.splice(1,2, 22,33)       //从下标 1 处开始删除，删除元素个数 2，在删除位置插入元素 22、33
13.   console.log(ary)             // 0, 22, 33, 3, 4, 5 ]
```

```
14.    ary.splice(1,2)            //删除操作对应的起始下标,删除几个元素
15.    console.log(ary)           //[ 0, 3, 4, 5 ]
16.
17.    console.log( [1,1,2,3,5].slice(2,4) )   //按下标[开始,结束)选取数组的一部分并返回
```

第 2 行,用 push()函数在数组 ary 尾部追加元素 3,并返回数组长度。

第 4 行,用 pop()函数弹出数组 ary 尾部元素,并返回该元素。

第 6 行,用 shift()函数弹出数组 ary 头部元素,并返回该元素。

第 8 行,用 unshift()函数在数组 ary 头部追加两个元素-1 和 0,并返回长度。

第 12 行,用 splice()函数删除从下标 1 处开始的两个元素,并插入两个元素 22 和 33。

第 14 行,用 splice()函数删除从下标 1 处开始的两个元素。

第 17 行,用 slice()函数获取下标 2 到下标 4 之间的元素,注意下标范围半闭半开,因此不获取下标为 4 的元素,实际获取下标 2、3 所对应的元素。

执行结果为:

```
[ 0, 1, 2, 3 ] 4
[ 0, 1, 2 ] 3
[ 1, 2 ] 0
[ -1, 0, 1, 2 ] 4
[ 0, 22, 33, 3, 4, 5 ]
[ 0, 3, 4, 5 ]
[ 2, 3 ]
```

使用 reverse()和 sort()函数,可轻松实现对数组元素的倒序和排序功能。

【例 5-7】 数组元素的倒序和排序

```
1.    let arrRev = [2, 1, 0, 3].reverse()
2.    console.log(arrRev)              //[ 3, 0, 1, 2 ]
3.    console.log( arrRev.sort() )     //[ 0, 1, 2, 3 ]
```

第 1 行,使用 reverse()函数将数组元素进行倒序,返回倒序的数组。

第 3 行,使用 sort()函数将数组元素进行由小到大正向排序,返回正向排序的数组。

执行结果为:

```
[ 3, 0, 1, 2 ]
[ 0, 1, 2, 3 ]
```

5.2 元组

2.1.4 节已经简单介绍过元组。元组也是一种有序的集合,但不同于数组,可用于存储不同类型的元素。此外,元组的长度是固定的,不可动态调整。

5.2.1 定义元组和赋值

在 TypeScript 中，对元组类型变量进行初始化或赋值时，需要匹配元组类型中指定项的个数和类型。

【例 5-8】 定义元组变量并赋值

```
1.    let person : [string, number, string]
2.    person = ['Ada',19,'F']
3.    //person = [19,'Ada','F']              //类型不匹配
4.    //person = ['Ada',19]                  //数量不匹配
```

第 1 行，定义元组类型变量 person 它包含 3 个类型元素，依次为 string、number 和 string 元素。

第 2 行，赋值没有问题，元素数量和类型都符合定义的要求。

第 3 行，赋值与定义的类型不匹配，会报错：

```
Type 'number' is not assignable to type 'string'
```

第 4 行，赋值与定义的数量不匹配，会报错：

```
Type '[string, number]' is not assignable to type '[string, number, string]'.    Source has 2 element(s) but target requires 3.
```

定义元组的元素项类型时，可使用可选元素和剩余元素。

【例 5-9】 定义元组时使用可选元素

```
1.    type Point = [x:number, y?:number, z?:number]
2.    let p:Point = [1]
3.    let p2D:Point = [1,2]
4.    let p3D:Point = [1,2,3]
```

第 1 行，定义元组类型并赋别名 Point，注意后 2 个元素用问号？设置为可选元素。

第 2~4 行，声明 3 个 Point 类型的变量，并分别赋 1 个值、2 个值和 3 个值。因为 Point 定义了可选元素，所以没有语法问题。

【例 5-10】 定义元组时使用剩余元素

```
1.    type Team = [leaderName:string, ...otherNames:string[]]
2.    let team : Team
3.    team = ['张珊']
4.    team = ['张珊','李思']
5.    team = ['张珊','李思','王武']
```

第 1 行，定义元组类型别名 Team。其中 otherNames 参数定义时前面有 3 个点，为剩余元素。

第 3~5 行,分别赋予元组变量一个值和多个值,因为 otherNames 为剩余元素,所以没有语法问题。

5.2.2 元组常用操作

元组可被视作特殊的数组,因此元组的各种常见操作和数组类似,如通过下标访问元素,拼接元素,连接元组,遍历元素,搜索元素,获取区间元素等。

【例 5-11】 通过下标访问元组的元素

```
1.    let person:[string,number,string]
2.    person = ['Ada',19,'F']
3.    person[0] = 'Amanda'
4.    console.log(person[0])              //Amanda
```

第 3 行,通过下标修改元组相应元素的值。
第 4 行,通过下标获取元组相应元素的值。
执行结果为:

```
Amanda
```

【例 5-12】 元组连接操作:join()的拼接结果为字符串,concat()用于拼接元素

```
1.    type Emp = [string, number, string]
2.    let ada : Emp = ['Ada', 18, 'F']
3.    console.log(ada.join())             //Ada,18,F 默认用逗号连接
4.    let bob:Emp = ['Bob',19,'M']
5.    let p2 = ada.concat(bob)            //拼接两个元组的元素
6.    console.log(p2)                     //[ 'Ada', 18, 'F', 'Bob', 19, 'M' ]
```

第 3 行,join()函数用于将指定元组中的元素拼接为字符串。默认用逗号进行连接,也可以指定连接的符号,比如,ada.join('/'),就是用斜杠符拼接元组中的元素。
第 5 行,concat()函数用于拼接多个元组的元素,并且以新元组形式返回。
执行结果为:

```
Ada,18,F
[ 'Ada', 18, 'F', 'Bob', 19, 'M' ]
```

【例 5-13】 用回调函数遍历元组中的元素

```
1.    type Emp = [string, number, string]
2.    let cindy:Emp = ['Cindy', 18, 'F']
3.    cindy.forEach(
4.        (value,index) => { console.log(`${index}: ${value}`) }
5.    )
```

执行结果为:

```
0: Cindy
1: 18
2: F
```

搜索元素出现的位置,可使用 indexOf() 和 lastIndexOf() 函数。其中,正向搜索用 indexOf() 函数,反向搜索用 lastIndexOf() 函数。

【例 5-14】 搜索元素出现的位置

```
1.    type Emp = [string,number,string]
2.    let cindy:Emp = ['Cindy',18,18,'F']
3.    console.log(cindy.indexOf(18))              //1 正向搜索元素首次出现的位置
4.    console.log(cindy.lastIndexOf(18))          //2 反向搜索元素首次出现的位置
```

执行结果为:

```
1
2
```

【例 5-15】 获取元组区间元素和获得元组长度

```
1.    type Emp = [string, number, string]
2.    let cindy:Emp = ['Cindy', 18, 'F']
3.    let vals = cindy.slice(1, cindy.length)                    //[ 18, 'F' ]
4.    console.log(vals, vals.length);
```

第 3 行,用 slice() 函数获取下标范围对应区间中的元素。注意,区间是半闭半开的,即不获取结束位置的元素。另外,length 是长度属性,用于获取元组中元素的个数。

执行结果为:

```
[ 18, 'F' ] 2
```

5.3 集合

Set 结构是一种存储唯一值的集合。它的元素是无序的,不能通过索引访问,但可以添加、删除和判断元素是否存在。

5.3.1 创建 Set 对象

TypeScript 使用 new 关键字加构造函数来创建 Set 类型对象,并可通过构造函数的参数初始化元素。

【例 5-16】 创建 Set 对象

```
1.    let set1 = new Set()
2.    let set2 = new Set([1,2,3])
```

第 1 行,用无参构造函数创建 Set 对象,后续可通过 add() 函数向 Set 对象中添加元素,如下所示:

```
set1.add(1)
```

第 2 行,用带参构造函数创建 Set 对象。其中,参数值为数组,实际上也可使用其他可迭代类型数据,如元组、Set、字符串和 Map。

5.3.2　Set 类常用操作

Set 类常用的函数和属性有 add()、has()、delete()、clear()、size 等,如表 5-2 所示。

表 5-2　Set 类的常用函数和属性

函数和属性	描　　述
add()	向 Set 对象中添加元素
has()	判断 Set 对象中是否存在指定元素
delete()	删除 Set 对象中的元素
clear()	清空 Set 对象中元素
size	返回 Set 对象中元素个数

【例 5-17】　向 Set 对象中添加元素,程序会自动剥离重复值

```
1.   let nameSet = new Set()
2.   nameSet.add('Ada').add('Bob')
3.   nameSet.add('Cindy')
4.   nameSet.add('Cindy')                //重复插入元素
5.   console.log(nameSet)                //Set(3) { 'Ada', 'Bob', 'Cindy' }
```

第 2~4 行,向 Set 对象 nameSet 中添加元素。注意,add() 函数可以链式调用。

在第 3 行和第 4 行添加了相同元素,Set 类型变量不允许重复值存在,因此重复值会自动被剥离,以确保集合中每个值都是唯一的。

执行结果如下:

```
Set(3) { 'Ada', 'Bob', 'Cindy' }
```

【例 5-18】　判断 Set 对象中是否存在指定元素

```
1.   let nameSet = new Set()
2.   nameSet.add('Ada').add('Bob')
3.   console.log(nameSet.has('Ada'))              //true
4.   console.log(nameSet.has('Bobbie'))           //false
```

第 3~4 行,分别判断 Set 对象 nameSet 中是否存在 'Ada' 和 'Bobbie' 元素。

执行结果如下:

```
true
false
```

【例 5-19】 删除、清空和返回 Set 的元素个数

```
1.    let nameSet = new Set(['Ada','Bob','Cindy'])
2.    nameSet.delete('Ada')
3.    console.log(nameSet.size)
4.    nameSet.clear()
5.    console.log(nameSet.size)
```

第 2 行,用 delete()函数删除 Set 对象中的'Ada'元素。
第 3 行,用 size 属性返回 Set 对象中的元素个数。
第 4 行,用 clear()函数清空 Set 对象中的元素。
执行结果如下:

```
2
0
```

【例 5-20】 遍历 Set 中的元素

```
1.    let scores = new Set([81,66,72])
2.    for(let value of scores){
3.        console.log(value)
4.    }
5.    scores.forEach(
6.        element => { console.log(element)
7.    })
```

第 2~4 行,用 for…of 语句遍历 Set 变量 scores 中的元素。
第 5~7 行,用 forEach 语句遍历 Set 变量 scores 中的元素。
执行结果如下:

```
81
66
72
81
66
72
```

视频讲解

5.4 映射

Map 结构是一种键值对(Key-Value)的集合。每个键都是唯一的,并且键与一个值相关联。可以通过键来访问对应的值,也可以添加、删除和判断键是否存在。注意,在 TypeScript

中,任何类型值都可以作为键或值。

5.4.1 创建 Map 对象

TypeScript 使用构造函数来创建 Map 类型对象,并可通过构造参数初始化键值对数据。

【例 5-21】 创建 Map 对象,并直接初始化键值对数据

```
1.    let books = new Map([
2.        ['9787302614616','软件工程导论与项目案例教程'],
3.        ['9787302615590','React 全栈式实战开发入门'],
4.        ['9787302610274','C♯程序设计与编程案例'],
5.        ['9787302610274','大数据分析——预测建模与评价机制'],
6.    ])
7.    console.log(books)
```

7. console.log(books)

注意,当输入相同键时,会保留后面的键值对数据。第 4 行和第 5 行中的键相同,都为 '9787302610274',因此,第 4 行数据将被第 5 行数据替代。

执行结果如下:

```
Map(3) {
  '9787302614616' => '软件工程导论与项目案例教程',
  '9787302615590' => 'React 全栈式实战开发入门',
  '9787302610274' => '大数据分析——预测建模与评价机制'
}
```

5.4.2 Map 类的常用函数和属性

Map 类的常用函数和属性如表 5-3 所示。

表 5-3 Map 类的常用函数和属性

函数和属性	描 述
set()	设置键值对数据,并返回该 Map 对象
get()	返回键对应的值,若不存在则返回 undefined
has()	判断 Map 中是否包含键对应的值,返回布尔值
delete()	删除 Map 中的键值对,返回布尔值
clear()	移除 Map 对象的所有键值对数据
size	返回 Map 对象中键值对的个数
keys()	返回 Iterator 对象,用于迭代 Map 中每个元素的键
values()	返回 Iterator 对象,用于迭代 Map 中每个元素的值
entries()	返回 Iterator 对象,用于迭代 Map 中每个键值对元素

【例 5-22】 Map 类的常见操作

```
1.    let emps = new Map([
2.        [1, {name:'ada', sex:'F', salary:3000}],
3.        [2, {name:'bob', sex:'M', salary:3500}],
4.    ])
5.    emps.set(2,{name:'Bobbie',sex:'F',salary:3300})    //设置 Map 键值对数据
6.    emps.set(3,{name:'Candy',sex:'F',salary:3500})
7.    console.log('emps:',emps)
8.    console.log(emps.get(2))                           //获取键对应值
9.    console.log(emps.has(3), emps.has(4))              //判断是否包含键值
10.   emps.delete(1)                                     //删除键对应的元素
11.   console.log(emps.size)                             //元素个数
12.   emps.clear()                                       //清除所有元素
13.   console.log(emps.size)
```

第 1~4 行，用构造函数创建 Map 对象 emps，并初始化两个键值对元素。
第 5 行，用 set() 函数设置键值对数据，因为键"2"存在，所以起到了替代作用。
第 6 行，用 set() 函数设置键值对数据，因为键"3"不存在，所以起到了添加作用。
第 8 行，用 get() 函数获取键"2"对应的值。
第 9 行，用 has() 函数分别判断键"3"和键"4"对应的值是否存在。
第 11 行，用 size 属性获得键值对个数。
第 12 行，清除所有键值对数据。
执行结果为：

```
emps: Map(3) {
  1 => { name: 'ada', sex: 'F', salary: 3000 },
  2 => { name: 'Bobbie', sex: 'F', salary: 3300 },
  3 => { name: 'Candy', sex: 'F', salary: 3500 }
}
{ name: 'Bobbie', sex: 'F', salary: 3300 }
true false
2
0
```

【例 5-23】 遍历 Map 中的元素

```
1.    let emps = new Map([
2.        [1, {name:'ada', sex:'F', salary:3000}],
3.        [2, {name:'bob', sex:'M', salary:3500}],
4.    ])
5.    for(let key of emps.keys()){
6.        console.log(key)
7.    }
8.    for(let value of emps.values()){
```

```
9.          console.log(value)
10.     }
11.     for(let kv of emps.entries()){
12.         console.log(kv[0], kv[1])
13.     }
14.     for(let [key,value] of emps){
15.         console.log(key, value)
16.     }
17.     emps.forEach((value, key, map) =>{
18.         console.log(key,value,`共 ${map.size} 个元素`)
19.     })
```

第 1~4 行，创建 Map 对象 emps，并初始化两个键值对元素。其中键为数值类型，值为对象类型。

第 5~7 行，用 keys() 函数返回 Iterator 对象，并用 for…of 语法迭代显示每个元素的键。

第 8~10 行，用 values() 函数返回 Iterator 对象，并用 for…of 语法迭代显示每个元素的值。

第 11~13 行，用 entries() 函数返回 Iterator 对象，并用 for…of 语法迭代显示每个元素。其中元素的 0 下标和 1 下标位置分别代表键和值。

第 14~16 行，使用对象解构方式获得 Map 的所有键和值，并用 for…of 语法迭代显示每个元素的键和值。

第 17~19 行，在 forEach() 函数中使用回调函数，迭代显示 Map 中元素的键、值以及元素个数。

执行结果为：

```
{ name: 'ada', sex: 'F', salary: 3000 }
{ name: 'bob', sex: 'M', salary: 3500 }
1 { name: 'ada', sex: 'F', salary: 3000 }
2 { name: 'bob', sex: 'M', salary: 3500 }
1 { name: 'ada', sex: 'F', salary: 3000 }
2 { name: 'bob', sex: 'M', salary: 3500 }
1 { name: 'ada', sex: 'F', salary: 3000 } 共 2 个元素
2 { name: 'bob', sex: 'M', salary: 3500 } 共 2 个元素
```

注意，若编译时出现如下报错：

```
Cannot find name 'Map'.     Do you need to change your target library? Try changing the 'lib' compiler option to 'es2015' or later.
```

可指定 ES 版本进行编译，如下所示：

```
tsc -t es2015 test.ts
```

5.5 不同集合类型间的转换

在 TypeScript 项目开发中,需掌握数组、Set 和 Map 三种类型之间的转换。

【例 5-24】 实现数组、Set 和 Map 三种类型之间的转换。

```
1.    let arr : number[] = [1,2,3]
2.    let set = new Set<number>(arr)              //数组转换为 Set
3.    arr = Array.from(set)                       //Set 转换为数组方式 1
4.    arr = [...set]                              //Set 转换为数组方式 2
5.    let map : Map<number,string> = new Map([
6.        [1,'Ada'],[2,'Bob'],[3,'Cindy']
7.    ])
8.    arr = []
9.    for(let key of map.keys()){                 //Map 中的键(key)转换为数组
10.       arr.push(key)
11.   }
12.   let arrVal = []
13.   for(let val of map.values()){               //Map 中的值(value)转换为数组
14.       arrVal.push(val)
15.   }
```

第 2 行,用 Set 构造函数将数组变量转换为 Set 类型变量。

第 3 行,用 Array 的 from() 函数将 Set 类型变量转换为数组类型变量。

第 4 行,用[…Set 变量]语法将 Set 类型变量转换为数组类型变量。

第 9~11 行,将 Map 类型变量中的键(key)内容转换为数组类型变量。

第 13~15 行,将 Map 类型变量中的值(value)内容转换为数组类型变量。

5.6 实战闯关——集合

不同类型集合的结构特点各异,可分别应用于不同场景中。建议对数组、Set 和 Map 三种集合类型分别进行巩固练习。

【实战 5-1】 数组练习。

实践步骤:

(1) 将 72、66、81、99、66 这 5 个成绩数值保存到一个数组变量 scores 中。

(2) 将数组[65,71,80,98]与 scores 数组合并,并保存到数组变量 scores 中。

(3) 利用 Set 元素不重复的特点,剔除数组变量 scores 中的重复数据,并保存到数组变量 scores 中。

(4) 对数组变量 scores 中的数值元素进行由小到大排序,并保存到数组变量 scores 中。

(5) 对数组变量 scores 中的数值元素进行倒序处理,并保存到数组变量 scores 中。

【实战 5-2】 Set 练习。

实践步骤:

(1) 将 72、54、81、100、66 这 5 个成绩数值保存到一个 Set 变量 scores 中。

(2) 判断 Set 变量 scores 中是否含有满分值(即值为 100 的元素)。

(3) 剔除低于 60 分的元素。

【实战 5-3】 Map 练习

针对通讯录中的好友信息:Ada,女,13701930685;Bob,男,13641949728;Cindy,女,13601632677。实践如下操作:

(1) 将好友信息放入 Map 变量 friends,其中"键"存放姓名,"值"存放姓名、性别、联系手机号。

(2) 在 Map 变量 friends 中添加新好友信息:Danny,男,15779366596。

(3) 获取 Map 变量 friends 中 Bob 的"值"信息。

(4) 删除 Map 变量 friends 中 Bob 的信息。

(5) 显示 Map 变量 friends 中的所有"值"信息。

第二部分

进阶篇

第 6 章

语法进阶

在完成基础篇的学习后,读者对 TypeScript 的基础语法有了较为完整的认识,并且也具备了一定的编程能力。然而,为了更好地开发项目,还需要掌握一些进阶的语法知识,包括解构与展开、修饰符、装饰器、类型兼容、类型操作、错误处理及异步处理等内容。

6.1 解构与展开

视频讲解

解构与展开操作是一对相反的操作,它们可以使数据的提取与合并更加便捷。

解构,即解构赋值(destruction assignment)操作:将数组元素赋值给各种变量,或将对象属性赋值给各种变量。这使得从数组或对象中提取数据变得更加方便。

展开是指:使用展开操作符(spread operator)将元素和数组展开为另一个数组,或将属性和对象展开为另一个对象。这样可以方便地合并、复制或扩展数据。

6.1.1 数组的解构与展开

1. 数组的解构

可将数组中的元素直接解构到变量中。相比于原来的语法,解构语法更简单、高效,其可读性也比较好。

【例 6-1】 解构数组中的所有元素

```
1.    let scores = [98,89,88,85,82]
2.    let [first, second, third, fourth, fifth] = scores
3.    console.log(first, second, third, fourth, fifth)
```

第 2 行,对数组变量 scores 进行解构,将它的 5 个元素分别赋给 5 个变量 first、second、third、fourth 和 fifth。

tsc 编译后,第 2 行代码对应的 JavaScript 语句为:

```
var first = scores[0], second = scores[1], third = scores[2], fourth = scores[3], fifth = scores[4];
```

相较而言，TypeScript 数组解构语法要简洁些。

执行结果为：

```
98 89 88 85 82
```

数组解构不一定要获取数组中的所有元素，即允许只提取数组中的头部元素，而忽略后续元素。

【例 6-2】 解构数组中的头部元素

```
1.    let scores = [98, 89, 88, 85, 82]
2.    let [first,second,third] = scores
3.    console.log(first, second, third)
```

第 2 行，对数组变量 scores 进行解构，将它的前 3 个元素分别赋值给 3 个变量 first、second 和 third。

执行结果为：

```
98 89 88
```

实际上，解构数组时也可忽略部分元素，提取数组中特定位置处的元素。

【例 6-3】 解构数组：提取特定位置处的元素

```
1.    let scores = [98,89,88,85,82]
2.    let [first, ,third, ,fifth] = scores
3.    console.log(first, third, fifth)
```

第 2 行，对数组变量 scores 进行解构，将其中 0、2、4 下标位置的 3 个元素分别赋值给 3 个变量 first、third 和 fifth。

注意，在第 2 行的方括号内有多个逗号，其作用是跳过部分元素。该行代码对应的 JavaScript 语句为：

```
var first = scores[0], third = scores[2], fifth = scores[4];
```

执行结果为：

```
98 88 82
```

对于嵌套数组的解构赋值，可以使用相应的索引来选择要提取的元素。

【例 6-4】 解构数组：提取嵌套数组中的元素

```
1.    let scores:any = [98, [89, 88], 85, 82]
2.    let [a, [, c], , e] = scores
3.    console.log(a, c, e)
```

第 2 行，对嵌套数组 scores 进行解构，将部分元素赋值给 3 个变量 a、c 和 e。

注意，在第 2 行中，a、c、e 变量的位置，代表要获取的数组变量 scores 中元素的相应位置。该行代码对应的 JavaScript 语句为：

```
var a = scores[0], _a = scores[1], c = _a[1], e = scores[3];
```

执行结果为：

```
98 88 82
```

数组解构还可以使用剩余变量的方式来提取数组尾部元素。

【例 6-5】 解构数组：提取数组尾部的元素

```
1.    let [first, ...remains] = [98, 89, 88, 85, 82]
2.    console.log(first, remains)
```

第 1 行，对数组进行解构。将首位元素放入 first 变量，然后用…remains 剩余变量方式，将数组尾部元素提取到 remians 数组变量中。该行代码对应的 JavaScript 语句为：

```
var _a = [98, 89, 88, 85, 82], first = _a[0], remains = _a.slice(1);
```

执行结果为：

```
98 [ 89, 88, 85, 82 ]
```

函数的参数若为数组类型，也可以进行解构。

【例 6-6】 对函数的数组参数进行解构

```
1.    function sum( [math, eng] : [number, number]){
2.        return math + eng
3.    }
4.    console.log(sum([88,82]))
```

第 1 行，对数组类型的参数进行解构。实际参数值会被解构为两个值，分别放入 math 和 eng 变量。该行代码对应的 JavaScript 语句为：

```
function sum(_a) {
    var math = _a[0], eng = _a[1];
```

执行结果为：

```
170
```

通过解构赋值，可以在不使用第三个变量的情况下交换两个变量的值。

【例6-7】 通过解构赋值，交换变量值

```
1.    let a = 1, b = 2;
2.    [a, b] = [b, a]
3.    console.log(a, b)
```

第2行，通过交换a、b的位置，进行简单的解构赋值，就实现了a、b数值的交换。该行代码对应的JavaScript语句为：

```
_a = [b, a], a = _a[0], b = _a[1];
```

执行结果为：

```
2 1
```

2. 数组展开

数组展开与数组解构操作相反：数组展开后的元素和其他元素一起形成新的数组。

【例6-8】 数组展开

```
1.    let aScores = [72, 81, 96]
2.    let bScores = [70, 85, 90]
3.    let allScores = [69,75,82, ...aScores, ...bScores, 99,76,83]
4.    console.log(allScores)
```

第3行，三点语法…除了用于定义剩余变量外，也可用于展开数组中的元素。此处使用…aScores和…bScores分别展开了数组变量aScores和bScores中的元素，这些展开的元素最终成为数组allScores的部分元素。此行操作效果相当于：

```
let allScores = [ 69, 75, 82, 72, 81, 96, 70, 85, 90, 99, 76, 83]
```

执行结果为：

```
[ 69, 75, 82, 72, 81, 96, 70, 85, 90, 99, 76, 83]
```

6.1.2 对象的解构与展开

1. 对象解构

与数组解构类似，可将对象中的属性解构到变量中。

【例6-9】 解构对象，获取其属性值

```
1.    let emp = {
2.        firstName: "Ada",
3.        gender: "F",
4.        age: 22
5.    }
```

```
6.    let {firstName, gender, age} = emp
7.    console.log(firstName, gender, age)
```

第 6 行，对象 emp 被解构，将其属性值分别赋予 3 个变量 firstName、gender 和 age。该行代码对应的 JavaScript 语句为：

```
var firstName = emp.firstName, gender = emp.gender, age = emp.age;
```

执行结果为：

```
Ada F 22
```

解构赋值的变量名通常与对象的属性名一致，但也可以进行重命名处理，即使用冒号为变量指定不同的名称。

【例 6-10】 解构对象时对其属性进行重命名

```
1.    let emp = {
2.        firstName: "Ada",
3.        gender: "F",
4.        age: 22
5.    }
6.    let {firstName:fname, gender:sex, age} = emp
7.    console.log(fname, sex, age)
```

第 6 行，对象 emp 被解构，其属性值分别被赋予 3 个变量 fname、sex 和 age。其中 fname 是对 firstName 属性的重命名、sex 是对 gender 属性的重命名，该行代码对应的 JavaScript 语句为：

```
var fname = emp.firstName, sex = emp.gender, age = emp.age;
```

执行结果不变：

```
Ada F 22
```

和函数的参数解构类似，在解构对象时可指定其属性变量的类型。

【例 6-11】 解构对象时指定其属性变量的类型

```
1.    let emp = {
2.        firstName: "Ada",
3.        gender: "F",
4.        age: 22
5.    }
6.    let {firstName, gender, age} : {firstName:string, gender:string, age:number} = emp
7.    console.log(firstName, gender, age)
```

第 6 行，对象 emp 在解构时，分别对 3 个属性变量 fName、gender、age 进行类型指定。

执行结果不变：

```
Ada F 22
```

和解构数组类似，在解构对象时可使用剩余变量。

【例 6-12】 解构对象，仅提取对象的尾部属性

```
1.   let emp = {
2.       firstName: "Ada",
3.       gender: "F",
4.       age: 22
5.   }
6.   let {firstName, ...rest} = emp
7.   console.log(firstName, rest)
```

第 6 行，解构对象 emp，将其第一个属性提取至变量 firstName，剩余的属性放入剩余变量 rest。该行代码对应的 JavaScript 语句为：

```
var firstName = emp.firstName, rest = __rest(emp, ["firstName"]);
```

执行结果为：

```
Ada { gender: 'F', age: 22 }
```

如执行结果所示，剩余变量组成了新对象。

对象解构时可赋予属性变量默认值，即当解构对象的属性值为可选类型时，可以给解构的变量设置一个备选的默认值。

【例 6-13】 解构对象时赋予属性变量 age 默认值

```
1.   type Emp = {
2.       firstName : string,
3.       gender : string,
4.       age ?: number
5.   }
6.   let emp : Emp = {
7.       firstName : "Ada",
8.       gender : "F",
9.
10.  }
11.  let {firstName, gender, age = 20} = emp
12.  console.log(firstName, gender, age)
```

第 1~5 行，定义类型 Emp。注意，其中的属性 age（第 4 行）为可选类型。
第 6~10 行，声明类型 Emp 的对象 emp。注意，这里没有为属性 age 设置值。
第 11 行，解构 emp 对象时，赋予属性变量 age 默认值 20。
执行结果为：

```
Ada F 20
```

注意,假设在第 9 行加入 age:19 代码,则第 12 行输出结果为 19。因为此时 age 已经有值,所以不再使用默认值。

函数的参数若为对象,也可以对参数对象进行解构。

【例 6-14】 解构函数的参数对象

```
1.    type Customer = {
2.        name:string,
3.        gender:string
4.    }
5.    function greet({name, gender} : Customer){
6.        let addr = gender=='男'? "先生" : "女士"
7.        return `你好 ${name} ${addr}`
8.    }
9.    let ada : Customer = {name : '艾黛', gender : '女'}
10.   console.log( greet(ada) )
```

第 5 行,对函数参数进行解构。参数对象的两个属性会被解构,分别放入 name 和 gender 变量。该行代码对应的 JavaScript 语句为:

```
function greet(_a) {
    var name = _a.name, gender = _a.gender;
```

执行结果为:

你好 艾黛 女士

2. 对象展开

对象展开,与对象解构操作相反:对象展开后的属性和其他变量一起形成新的对象。

【例 6-15】 对象展开

```
1.    let mathA = {
2.        pi : 3.14,
3.        e : 2.718,
4.        max : function(a : number, b : number){
5.            return a>b ? a : b
6.        }
7.    }
8.    let mathB = { ...mathA, γ:0.577 }
9.    console.log(mathB)
```

第 1~7 行,定义对象 mathA,该对象包含 3 个属性:pi、e、max。

第 8 行,使用三点语法…展开对象的属性。此处用…mathA 展开了 mathA 的所有属性。此行操作效果相当于:

```
let mathB = { pi: 3.14, e: 2.718, max: [Function: max], γ:0.577 }
```

执行结果为：

```
{ pi: 3.14, e: 2.718, max: [Function: max], 'γ': 0.577 }
```

注意，对象展开只针对属性，对象的函数则会丢失。

【例 6-16】 对象展开后函数丢失

```
1.    class Circle{
2.        constructor(public radius : number){}
3.        getArea() : number {
4.            return Math.PI * this.radius * this.radius
5.        }
6.    }
7.    let circle = new Circle(1)
8.    let circleXy = {x : 0, y : 0, ...circle}
9.    console.log(circleXy)
```

第 1~6 行，定义 Circle 对象，该对象中含有 1 个属性 number（通过构造函数加入）和 1 个 getArea()函数。

第 8 行，使用…circle 语句展开 circle 对象的属性并放入 circleXy 对象。注意，属性会展开，但函数不会展开。

执行结果为：

```
{ x: 0, y: 0, radius: 1 }
```

从结果看，函数丢失了。因此，若加入 circleXy.getArea()代码，会出现如下错误：

```
Property 'getArea' does not exist on type '{ radius: number; x: number; y: number; }'.
```

展开过程遵循由左至右的顺序。因此当属性同名时，出现在后面的属性值会覆盖前面的属性值。

【例 6-17】 对象展开出现同名属性时，后面的属性值会覆盖前面的属性值

```
1.    let conf = {enable : true, username : "root", pwd : 'r@@T'}
2.    let confExt = {initNum : 5, enable : false}
3.    let config = {...conf, ...confExt}
4.    console.log(config)
```

第 1 行，conf 对象有 enable 属性，其值为 true；第 2 行，confExt 对象也有 enable 属性，其值为 false。

第 3 行，先后展开 conf 和 confExt 两个对象的属性。注意，这两个对象都拥有属性 enable。

执行结果为：

```
{ enable: false, username: 'root', pwd: 'r@@T', initNum: 5 }
```

可见,当存在同名属性时(此处为 enable),后面的属性值会覆盖前面的属性值。

6.2 修饰符

视频讲解

在 TypeScript 中,修饰符(modifier)是指放置在成员(属性、函数、构造函数等)前面的关键字,用于修饰或限制成员的访问和使用权限。

6.2.1 访问修饰符

有时候,希望对类中成员(属性、函数、构造等)的访问进行控制,以保证数据的安全。对此 TypeScript 提供了 3 种访问修饰符(access modifier):public、protected 和 private。

1. public

public 表示公开的,其修饰的成员(属性、函数、构造等)可以在任何位置被访问。public 是成员的默认访问修饰符,通常省略不写。

【例 6-18】 public 访问修饰符的使用

```
1.     class Point{
2.         public x : number = 1
3.         y : number = 2                //修饰符省略时默认为 public
4.         access(){
5.             console.log(this.x, this.y)//在类自身内部可以访问用 public 修饰的成员
6.         }
7.     }
8.     class Point3D extends Point{
9.         z : number = 3
10.        access(){
11.            console.log(this.x, this.y,this.z) //在子类中可以访问父类中用 public 修饰的成员
12.        }
13.    }
14.    class Tool{
15.        access(){
16.            const p = new Point()
17.            p.x = 10; p.y = 20         //在类外部可访问用 public 修饰的成员
18.            p.access()                 //在类外部可以访问用 public 修饰的成员
19.        }
20.    }
```

第 2~6 行,在 Point 类中定义 3 个成员:成员属性 x 的访问修饰符被设置为 public;另外 2 个成员没有设置访问修饰符,默认为 public。

第 5 行,无编译问题,说明在类自身内部可访问用 public 修饰的成员。

第 11 行,无编译问题,说明在子类中可访问继承自父类的 public 修饰的成员。实际上,this.x 和 this.y 可以改写为 super.x 和 super.y,因为 x 和 y 属性原本就是从父类继承过来的。

第17~18行，无编译问题，说明在外部类中，可访问public修饰的成员。

2. protected

protected表示受保护的，即在类自身内部或子类中可以访问，在类外部不允许访问。

【例6-19】 protected访问修饰符的使用

```
1.   class Point{
2.       protected x : number = 1
3.       protected y : number = 2
4.       access(){
5.           console.log(this.x, this.y)   //在类自身内部可以访问用protected修饰的成员
6.       }
7.   }
8.   class Point3D extends Point{
9.       z:number = 3
10.      access(){
11.          console.log(this.x, this.y,this.z)   //在子类中可以访问父类中用protected
                                                  //修饰的成员
12.      }
13.  }
14.  class Tool{
15.      access(){
16.          const p = new Point()
17.          //p.x = 10; p.y = 20         //在类外部不允许访问用protected修饰的成员
18.      }
19.  }
```

第2~3行，在Point类中定义两个属性x和y，将访问修饰符都设置为protected。
第5行，无编译问题，说明在类自身内部可访问用protected修饰的成员。
第11行，无编译问题，说明在子类中可以访问父类中用protected修饰的成员。
第17行，去除注释会报错：

```
Property 'x' is protected and only accessible within class 'Point' and its subclasses.
```

说明在外部类中不允许访问用protected修饰的成员。

3. private

private表示私有的，只能在当前类中访问，在类外部和子类中都无法访问。

【例6-20】 private访问修饰符的使用

```
1.   class Point{
2.       private x : number = 1
3.       private y : number = 2
4.       access(){
5.           console.log(this.x, this.y)   //在类自身内部可以访问用private修饰的成员
6.       }
7.   }
8.   class Point3D extends Point{
9.       z : number = 3
```

```
10.         access(){
11.             //console.log(this.x, this.y,this.z)   //在子类中不允许访问父类中用 private
                                                       //修饰的成员
12.         }
13.     }
14.     class Tool{
15.         access(){
16.             const p = new Point()
17.             //p.x = 10; p.y = 20 //在类外部不允许访问用 private 修饰的成员
18.         }
19.     }
```

第 2~3 行,将类 Point 中两个属性的访问修饰符都设置为 private。

第 5 行,无编译问题,说明在类自身内部可访问用 private 修饰的成员。

第 11 行,去除注释,会报错:

Property 'x' is private and only accessible within class 'Point'.

说明在子类中,不允许访问父类中用 private 修饰的成员。其原因是:子类无法继承父类中用 private 修饰的成员。

第 17 行,去除注释,同样会报错:

Property 'x' is private and only accessible within class 'Point'.

说明在类外部,不允许访问用 private 修饰的成员。

public、protected、private 三个访问修饰符的可访问范围,如表 6-1 所示。

表 6-1 访问修饰符的可访问范围

访问修饰符	可访问范围
public	类自身内部可访问、子类可访问、类外部可访问。为默认修饰符
protected	类自身内部可访问、子类可访问
private	仅类自身内部可访问

6.2.2 只读修饰符

readlonly 为只读修饰符,代表属性是只读的。只读属性只能在两个位置进行初始化赋值:在声明时赋值,或构造函数中赋值。注意,readonly 不能修饰函数。

【例 6-21】 对属性进行只读修饰

```
1.  class Account{
2.      name : string
3.      readonly gender : string = 'M' //给定默认值
4.      constructor(name : string, gender : string){
5.          this.name = name
6.          this.gender = gender
```

```
7.     }
8. }
9. const p = new Account('Ada','F')
10. p.name = 'Alpha'
11. //p.gender = 'M'     //Cannot assign to 'gender' because it is a read-only property.
```

第2行,定义 name 属性,没有用 readonly 修饰。

第3行,定义 gender 属性并赋予它默认值'M'。注意,这里使用了 readonly 修饰,表示该属性是只读的。用只读修饰符修饰的属性可在声明时直接被赋值,相当于给定了一个默认值。

第4~7行,使用构造函数对两个属性值进行初始化。只读属性除了可以在声明时进行赋值外,还可在构造函数中进行赋值,此处的代码没有语法问题。

第10行,修改非只读属性的值,没有语法问题。

第11行,去除注释,会报错:

```
Cannot assign to 'gender' because it is a read-only property.
```

这说明 readonly 修饰的属性确实是只读的,不允许修改值。

readonly 也可以修饰接口中的属性或普通对象的属性。

【例 6-22】 对接口属性进行只读修饰

```
1.     interface IAccount{
2.         readonly id : number
3.         name:string
4.     }
5.     const admin : IAccount = {id : 1, name : 'admin'}
6.     admin.name = 'administrator'
7.     //admin.id = 2          //Cannot assign to 'id' because it is a read-only property.
```

第2行,接口 IAccount 中定义了只读属性 id。

第3行,接口 IAccount 中定义了非只读属性 name。

第5行,常量 admin 被限定为 IAccount 类型,并初始化属性 id 和 name 的值。

第6行,修改属性 name 的值没有问题。

第7行,去除注释,会报错:

```
Cannot assign to 'id' because it is a read-only property.
```

这说明,在接口中,readonly 修饰的属性是只读的,同样不允许修改值。

【例 6-23】 对普通对象属性进行只读修饰

```
1.     const admin : {readonly id : number, name : string}
2.             = {id:1, name:'admin'}
3.     admin.name = 'administrator'
4.     //admin.id = 2     //Cannot assign to 'id' because it is a read-only property.
```

第1行,常量 admin 被限定为普通对象类型,其内部 id 被设置为只读属性、name 为非只读属性。

第2行,初始化常量对象 admin 的 id 和 name 属性值。

第3行,name 属性值未做 readonly 修饰,故修改值的操作没有问题。

第4行,去除注释,会报错:

```
Cannot assign to 'id' because it is a read-only property.
```

这说明,在对象结构中,用 readonly 修饰的属性是只读的,不允许修改值。

6.3 装饰器

视频讲解

装饰器(decorator)是一种特殊的函数,通过使用@符号将其附加到类、函数、属性、访问器或参数之上,以代理模式扩展或修改它们的功能。装饰器提供了一种在不修改被装饰对象源代码的情况下,动态添加行为或修改行为的方式。

6.3.1 类装饰器

类装饰器是一种用于装饰类的函数,它接收类的构造函数作为参数,通过在类声明之前将装饰器附着到类上,可以对类进行扩展、修改或操作。

【例 6-24】 编写装饰符函数并用于装饰类

```
1.   function log(target : object){           //target 是装饰的目标
2.       console.log('装饰', target)
3.   }
4.   @log
5.   class Emp{}
```

第1～3行,定义一个装饰器函数 log(),它在形式上和普通函数没有太大差别。参数 target 对应的是装饰的目标,如第4～5行所示:log()的装饰目标为类 Emp。

第4行,用@符号将装饰符函数名 log 放置在类 Emp 之前,即装饰的目标类为 Emp。

注意,目前 TypeScript 对装饰器还只是实验性支持,因此在装饰类时会有如下报错:

```
Experimental support for decorators is a feature that is subject to change in a future release.
Set the 'experimentalDecorators' option in your 'tsconfig' or 'jsconfig' to remove this warning.
```

对于此问题,可在 tsconfig.json 文件中将 experimentalDecorators 选项设置为有效,如下所示:

```
"experimentalDecorators": true,
```

或者编译时加上实验性参数--experimentalDecorators,如下所示:

```
tsc -- experimentalDecorators
```

执行结果为:

```
装饰 [class Emp]
```

【例 6-25】 使用类装饰器,动态扩展类的属性和函数

```
1.  function log(target:any){           //object 没有 prototype,因此使用 any 类型
2.      target.prototype.propx = '拓展属性'
3.      target.prototype.mthx = () =>{
4.          console.log('拓展函数')
5.      }
6.  }
7.  @log
8.  class MyClass{
9.      mth = () => console.log('mth 函数')
10. }
11. let my:any = new MyClass()            //必须加 any,否则调用 prototype 拓展成员会报错
12. console.log(MyClass.prototype)
13. console.log(my.propx)
14. my.mthx()
```

第 1～6 行,定义了一个装饰器函数 log()。参数 target 对应的是装饰的目标,注意,此处类型为 any,因为 any 类型对象允许加原型(prototype)。第 2 行用原型方式为装饰类扩展了属性 propx,第 3～5 行用原型方式为装饰类扩展了 mthx()函数。

第 7 行,用@符号将装饰符函数名 log 放置在类 MyClass 之前,即对类 MyClass 进行修饰。

第 11 行,创建 MyClass 类的对象 my,注意,my 的类型声明为 any。这是因为 any 会让编译器跳过类型检查,从而保证第 13 行和第 14 行调用扩展成员不会报错。

第 12 行,用 console.log()函数观察类 MyClass 的原型,可看到相应的拓展成员。

第 13 行和第 14 行,分别调用拓展属性 propx 和拓展函数 mthX()。

为避免语法出错,建议在编译时加上--experimentalDecorators 参数,如下所示:

```
tsc -- experimentalDecorators
```

执行结果为:

```
{ propx: '拓展属性', mthx: [Function (anonymous)] }
拓展属性
拓展函数
```

6.3.2 其他装饰器

除了类装饰器,TypeScript 还提供了 4 种其他类型的装饰器,它们分别是属性装饰器、函数装饰器、访问器装饰器和参数装饰器。这些装饰器可以分别附着在类的属性、函数、访问器和参数上,以扩展、修改或操作它们的行为。

【例 6-26】 属性装饰器的使用

```
1.      function propDecorator(target : any, propName : string) {
2.          console.log('属性装饰', target, propName)
3.      }
4.      class MyClass {
5.          @propDecorator
6.          static staticProp : number
7.          @propDecorator
8.          objProp ?: string
9.      }
```

第1～3行，定义一个属性装饰器函数 propDecorator()。参数 target 对应的是装饰的目标，对静态属性来说是类，对实例属性而言是对象；参数 propName 是被装饰属性的名称。

第5～6行，用属性装饰器@propDecorator 装饰静态属性 staticProp。

第7～8行，用属性装饰器@propDecorator 装饰实例属性 objProp。

为避免语法出错，建议在编译时加上--experimentalDecorators 参数，如下所示：

```
tsc -- experimentalDecorators
```

执行结果为：

```
属性装饰 {} objProp
属性装饰 [Function: MyClass] staticProp
```

从结果上看，属性装饰器确实可以为属性添加额外的功能。

【例 6-27】 函数装饰器的使用

```
1.      function mthDecorator(target: any, mthName: string, descp:PropertyDescriptor) {
2.          console.log('函数装饰',target,mthName,descp)
3.      }
4.      class MyClass {
5.          @mthDecorator
6.          static staticMth(): void{}
7.          @mthDecorator
8.          objMth():number{ return 0}
9.      }
```

第1～3行，定义函数装饰器函数 mthDecorator()。参数 target 对应的是装饰的目标，对静态函数来说是类，对实例函数而言是对象；参数 mthName 是被装饰函数的名称；参数 descp 是函数的描述。

第5～6行，用函数装饰器@mthDecorator 装饰静态函数 staticMth()。

第7～8行，用函数装饰器@mthDecorator 装饰实例函数 objMth()。

注意，若编译时出现如下报错信息：

```
Unable to resolve signature of method decorator when called as an expression.
```

则可指定 ES 版本进行编译，如下所示：

```
tsc -t ES2022 --experimentalDecorators
```

执行结果为：

```
函数装饰 {} objMth {
  value: [Function: objMth],
  writable: true,
  enumerable: false,
  configurable: true
}
函数装饰 [class MyClass] staticMth {
  value: [Function: staticMth],
  writable: true,
  enumerable: false,
  configurable: true
}
```

从结果上看，函数装饰器确实可以为函数添加额外的功能。

【例 6-28】 为访问器加上装饰器

```
1.  function accessorDecorator(target:any, accName:string, descp:PropertyDescriptor){
2.      console.log('访问器装饰', target, accName, descp)
3.  }
4.  class MyClass {
5.      private static _sprop: number
6.      private _prop: number = 1
7.      @accessorDecorator
8.      static get sprop(): number{
9.          return MyClass._sprop
10.     }
11.     @accessorDecorator
12.     get prop(): number{
13.         return this._prop
14.     }
15. }
```

第 1~3 行，定义访问器的装饰器函数 accessorDecorator()。参数 target 对应的是装饰的目标，对静态访问器来说是类，对实例访问器而言是对象；参数 accName 是被装饰的访问器的名称；参数 descp 是被装饰访问器的描述。

第 7 行和第 8 行，用装饰器@accessorDecorator 装饰静态访问器 get sprop()。

第 11 行和第 12 行，用装饰器@accessorDecorator 装饰实例访问器 get prop()。

为避免语法出错，建议编译时指定 ES 版本，并加上--experimentalDecorators 参数，如下所示：

```
tsc -t ES2022 --experimentalDecorators
```

执行结果为：

```
访问器装饰 {} prop {
  get: [Function: get prop],
  set: undefined,
  enumerable: false,
  configurable: true
}
访问器装饰 [class MyClass] sprop {
  get: [Function: get sprop],
  set: undefined,
  enumerable: false,
  configurable: true
}
```

从结果上看，访问器装饰器确实可以为访问器添加额外的功能。

【例 6-29】 为参数加上装饰器

```
1.    function paramDecorator(target: any, paramName: string, paramIndex: number) {
2.        console.log('参数装饰',target,paramName,paramIndex)
3.    }
4.    class MyCls{
5.        mth(
6.            @paramDecorator param:number
7.        ){}
8.    }
```

第 1~3 行，定义参数装饰器函数 paramDecorator()。参数 target 对应的是装饰的目标，对静态函数来说是类，对实例函数而言是对象；参数 paramName 是被装饰参数所在的函数名；参数 paramIndex 是被装饰参数的下标值。

第 6 行，用参数装饰器@paramDecorator 装饰参数 param。

为避免语法出错，建议在编译时加上--experimentalDecorators 参数，如下所示：

```
tsc -t ES2022 --experimentalDecorators
```

执行结果为：

```
参数装饰 {} mth 0
```

6.3.3 装饰器工厂

装饰器函数，是无法传递参数的，若要传递参数，可使用装饰器工厂。装饰器工厂实际上也是一个函数,只是比普通的装饰器函数多了一层调用。

类似于产品制造工厂组装产品,装饰器工厂专注于组装数据。

【例 6-30】 使用装饰器工厂来装饰类

```
1.    function log(param: any){              //param 是要组装的参数数据
2.        return function(target: any){      //target 就是要装饰的类
3.            target.prototype.descp = param //为要装饰的类增加原型属性 descp
4.        }
5.    }
6.    @log("类 MyClass")
7.    class MyClass{
8.    }
9.    let my: any = new MyClass() //必须加 any 声明,否则调用 prototype 拓展成员会报错
10.   console.log(my.descp)
```

第 1~5 行,定义装饰器工厂函数 log(param)。注意,其内部返回函数通过调用装饰器工厂函数的参数,实现数据组装,如第 3 行所示,为原型拓展的属性 descp 组装了参数 param 的值。

第 6 行,使用装饰器工厂函数 log()对类 MyClass 进行装饰。注意,此时传入的参数值为"类 MyClass"。

第 10 行,输出属性 descp 的值。注意,该属性并不是在 MyClass 中直接定义的,而是通过装饰器工厂拓展加入的。

为避免语法出错,建议在编译时加上-experimentalDecorators 参数,如下所示:

```
tsc - t ES2022 -- experimentalDecorators
```

执行结果为:

```
类 MyClass
```

装饰器工厂也可以返回装饰类的子类。这样处理的好处是:不用改变原有类的结构,就可以修改或拓展它的功能。

【例 6-31】 通过装饰器工厂返回被装饰类的子类

```
1.    function extend(target: any) :any{
2.        return class SubCircle extends target{
3.            pi:number = 3.14
4.            area = function():number{
5.                return this.pi * this.radius * this.radius
6.            }
7.        }
8.    }
9.    @extend
10.   class Circle{
11.       constructor(public x: number,public y: number,public radius: number){}
12.   }
```

```
13.    let c2: any = new Circle(1,2,10)         //必须加 any,否则调用 c2.area()会报错
14.    console.log(c2);
15.    console.log(c2.area())
```

第1~8行,定义装饰器工厂函数 extend(target)。装饰器工厂内返回了 target 对应类的子类 SubCircle。在子类 SubCircle 中增加了属性 pi 和 area()函数。

第9行,使用装饰器工厂函数 extend(target)对类 Circle 进行装饰。

第13行,创建 Circle 类的对象 c2。

第14行,输出 c2。由于装饰器工厂函数 extend(target)的作用,实际会显示子类 SubCircle 的结构。

第15行,调用装饰器工厂函数 extend(target)中生成子类的 area()函数。

为避免语法出错,建议在编译时加上--experimentalDecorators 参数,如下所示:

```
tsc -- experimentalDecorators
```

执行结果为:

```
SubCircle{
  x: 1,
  y: 2,
  radius: 10,
  pi: 3.14,
  area: [Function (anonymous)]
}
314
```

6.3.4 装饰器执行顺序

当多种装饰器并存时,装饰器的执行顺序为:参数装饰器→函数装饰器、访问器装饰器或属性装饰器→类装饰器。

注意,属性、访问器和函数都是成员,三者级别相同。当三种装饰器并存时,在代码中先出现的装饰器先执行。

【例 6-32】 多种装饰器并存时,执行的先后顺序

```
1.   function clsDecorator(target: any) {
2.       console.log('装饰类',target)
3.   }
4.   function memberpDecorator(target: any, propName: string) {
5.       console.log('装饰成员',target,propName)
6.   }
7.   function paramDecorator(target: any, paramName: string, paramIndex: number) {
8.       console.log('装饰参数',target,paramName,paramIndex)
9.   }
```

```
10.    function accessorDecorator(target:any, accName:string, descp:PropertyDescriptor){
11.        console.log('装饰访问器',target,accName,descp)
12.    }
13.
14.    @clsDecorator                              //step5
15.    class MyClass {
16.        @memberpDecorator                      //step2
17.        getProp(@paramDecorator rate:number ){  //step1
18.            return this.value * rate
19.        }
20.        @memberpDecorator                      //step3
21.        value: number = 1
22.        @accessorDecorator                     //step4
23.        get val():number{
24.            return this.value
25.        }
26.    }
```

第 1~12 行，分别定义 4 个修饰函数：装饰类函数、装饰成员函数、装饰参数函数、装饰访问器函数。

第 14 行，设置类装饰器。第 16 行，设置函数装饰器。第 17 行，设置参数装饰器。第 20 行，设置属性装饰器。第 22 行，设置访问器装饰器。

为避免语法出错，建议在编译时指定 ES 版本，并加上 --experimentalDecorators 参数，如下所示：

```
tsc -t ES2022 -- experimentalDecorators
```

执行结果为：

```
装饰参数 {} getProp 0
装饰成员 {} getProp
装饰成员 {} value
装饰访问器 {} val {
  get: [Function: get val],
  set: undefined,
  enumerable: false,
  configurable: true
}
装饰类 [class MyClass]
```

视频讲解

6.4 类型兼容

编程语言中的类型系统大致可以分为两种：名义化类型系统（nominal type system）和结构化类型系统（structural type system）。

名义化类型系统，是根据类型的名字或标识符进行类型比较和兼容性检查的。在名义化类型系统中,类型的名称是关键,具有相同名称的类型被认为是同一类型,即使它们的内部结构不同。在名义化类型系统中,父类型兼容子类型,但父类型和子类型的关系必须显式声明。例如,C、C++、C♯、Java 等语言均属名义化类型系统。

结构化类型系统,是根据类型的内部结构进行类型比较和兼容性检查的。在结构化类型系统中,只要两个类型的结构相似,即具有相同的属性和函数,就被认为是兼容的。这种仅通过观察结构特征来判断类型是否相同的做法,又被称作鸭子类型(duck type)。鸭子类型是对结构(属性、函数等)一致就可被视作同一种类型的形象化解释。即"当看到一只鸟走起来像鸭子、游泳起来像鸭子、叫起来也像鸭子,那么这只鸟就可以被称作鸭子。"

TypeScript 是一种基于结构化类型系统进行静态类型检查的编程语言。在 TypeScript 中,类型兼容性的基本原则是:当目标类型(接受赋值的类型)x 要兼容源类型(被赋值的类型)y 时,y 至少要具有与 x 相同的属性。具体来说就是,在处理对象类型的兼容问题时,TypeScript 会检查源类型和目标类型之间的属性是否兼容。如果源类型具有目标类型所需的所有属性(包括属性名和类型),那么源类型就被认为是兼容的。当然,涉及函数的类型兼容性要相对复杂些,它还与参数个数、类型和函数返回类型这三个方面有关。

6.4.1 接口兼容性

当在目标接口中声明的所有属性在源接口中都存在时,目标接口和源接口就是兼容的。当目标接口和源接口的属性类型不一致时,TypeScript 会进行兼容性处理。

【例 6-33】 目标接口和源接口的属性相同时,符合接口兼容要求

```
1.    interface ICat{
2.        name: string
3.        age: number
4.    }
5.    interface IDog{
6.        name: string
7.        age: number
8.    }
9.    let kitty: ICat = {name: 'Kitty', age: 3}
10.   let dacy: IDog = kitty
11.   console.log(dacy)           //{ name: 'Kitty', age: 3 }
```

第 1~8 行,定义 ICat 和 IDog 这两个具有相同属性的接口。第 9 行,声明接口 ICat 的变量 kitty,并对 kitty 属性值进行初始化。

第 10 行,将接口 ICat 变量 kitty 的值赋予接口 IDog 变量 dacy,语法没有问题。因为这两个变量所属接口类型 ICat 和 IDog 的属性一致,符合鸭子类型的要求,完全兼容。当然,如果源接口 ICat 中的属性比目标接口中的属性多也可以,只要能覆盖目标接口 IDog 中的属性即可。

【例 6-34】 满足属性覆盖的情况下,属性多者可赋值给属性少者

```
1.    interface IEmployee{
2.        id: number
```

```
3.         name: string
4.         salary: number
5.     }
6.     interface IManager extends IEmployee{
7.         extraSalary: number
8.     }
9.     let tom: IManager = {id:1, name:'Tome', salary:6000, extraSalary:3000}
10.    let tommy: IEmployee = tom
11.    //tom = tommy
```

第 1～5 行，定义有 3 个属性的接口 IEmployee。

第 6～8 行，定义 IEmployee 的子接口 IManager，并追加属性 extraSalary。这相当于 IManager 有 4 个属性，能覆盖 IEmployee 中的全部 3 个属性。

第 9 行，声明了 IManager 接口变量 tom，并初始化 4 个属性值。

第 10 行，将 IManager 接口变量 tom 赋值给 IEmployee 接口变量 tommy，该操作没有问题。因为 tom 所属接口类型 IManager 有 4 个属性，能覆盖接口类型 IEmployee 的 3 个属性。

第 11 行，但将 IEmployee 接口变量 tommy 赋值给 IManager 接口变量 tom，会报错：

```
Property 'extraSalary' is missing in type 'IEmployee' but required in type 'IManager'.
```

因为 tommy 所属接口类型 IEmployee 中的 3 个属性无法覆盖 tom 所属接口类型 IManager 中的 4 个属性。

6.4.2 类兼容性

除了接口间存在兼容性外，类与类之间也存在兼容性，甚至类和接口之间也可以存在兼容性。而它们之间相应的兼容性规则，类似于接口间的兼容性规则。

当类中的属性个数不同时，在满足属性覆盖的情况下，属性多者可以赋值给属性少者。

【例 6-35】 类兼容性：在满足属性覆盖的情况下，属性多的类可以赋值给属性少的类

```
1.     class Employee{
2.         constructor(public id:number, public name:string, public salary:number){}
3.     }
4.     class Manager extends Employee{
5.         constructor(id:number,name:string,salary:number,public extraSalary:number){
6.             super(id,name,salary)
7.         }
8.     }
9.     let jackson: Manager = new Manager(1,'Jack',9000,3000)
10.    console.log(jackson);      //Manager{id:1, name:'Jack',salary:9000,extraSalary:3000 }
11.    let jack: Employee = jackson
12.    //jackson = jack           //报错
```

第 1～3 行，定义类 Employee，包含 3 个属性。

第 4~8 行,定义类 Employee 的子类 Manager,子类通过继承获得 3 个属性,并追加了 1 个属性。所以,这相当于在类 Manager 中定义了 4 个属性,能覆盖 Employee 类的 3 个属性。

第 9 行,声明 Manager 类变量 jackson,并初始化 4 个属性值。

第 11 行,将 Manager 类变量 jackson 值赋值给 Employee 类变量 jack,不会出现兼容问题。因为 jackson 所属类 Manager 有 4 个属性,能覆盖 Employee 类的 3 个属性。

第 12 行,但将 Employee 类变量 jack 赋值给 Manager 类变量 jackson,会报错:

```
Property 'extraSalary' is missing in type 'Employee' but required in type 'Manager'.
```

因为 Employee 类的 3 个属性无法覆盖到 Manager 类的 4 个属性。

类与接口间的兼容性规则,依然是在满足属性覆盖情况下,属性多者可以赋值给属性少者。

【例 6-36】 类与接口间兼容性:满足属性覆盖情况下,属性多者可以赋值给属性少者

```
1.    interface IEmployee{
2.        id: number
3.        name: string
4.    }
5.    class Employee {
6.        constructor(public id:number, public name:string, public salary:number){}
7.    }
8.    let bob: Employee = {id:1,name:'bob',salary:3000}
9.    let bobie:IEmployee = bob
10.   //bob = bobie                    //报错
```

第 1~4 行,定义接口 IEmployee,包含 2 个属性。

第 5~7 行,定义类 Employee,用"初始化属性速记写法"设置 3 个属性。注意,3 个属性覆盖了接口 IEmployee 的 2 个属性。

第 8 行,声明 Employee 类变量 bob,并初始化 3 个属性值。

第 9 行,将 Employee 类变量 bob 赋值给 IEmployee 接口变量 bobie,不会出现兼容问题。因为 Employee 类有 3 个属性,能覆盖 IEmployee 接口的 2 个属性。

第 10 行,但将 IEmployee 接口变量 bobie 赋值给 Employee 类变量 bob,会报错:

```
Property 'salary' is missing in type 'IEmployee' but required in type 'Employee'.
```

因为 IEmployee 接口的 2 个属性无法覆盖 Employee 类的 3 个属性。

6.4.3 函数兼容性

函数的类型兼容性比较复杂,需同时满足参数类型、参数个数和函数返回类型三个方面的兼容要求。

1. 参数类型兼容

对于相同位置的参数,达到类型兼容的要求是:若为原始类型则必须类型相同,对于对

象类型,则需满足类型兼容。

【例 6-37】 相同位置的参数为原始类型时,必须为相同类型

```
1.    let x = function(a: number){}
2.    let y = function(b: number){}
3.    let z = function(c: string){}
4.    x = y
5.    //x = z
```

第 1~3 行,定义 3 个函数变量 x、y 和 z,对应函数的参数分别为 3 个原始类型:number、number 和 string。

第 4 行,将函数变量 y 赋值给函数变量 x。注意,y 对应函数的参数类型和 x 对应函数的参数类型一致,都是原始类型 number,因此完全兼容,没有问题。

第 5 行,编译 x = z 代码时,会报如下语法错误:

```
Type '(c: string) => void' is not assignable to type '(a: number) => void'.   Types of parameters 'c' and 'a' are incompatible.   Type 'number' is not assignable to type 'string'.
```

其原因是:z 对应函数的参数类型为 string,x 对应函数的参数类型为 number,作为原始类型并不一致,是无法做兼容处理的。

【例 6-38】 相同位置的参数为对象类型时,必须满足类型兼容

```
1.    interface Point2D{ x: number, y: number}
2.    interface Point3D extends Point2D{z: number}
3.    let show2D = (p2: Point2D) =>{}
4.    let show3D = (p3: Point3D) =>{}
5.    let p2: Point2D = {x:1, y:2}
6.    let p3: Point3D = {x:1, y:2, z:3}
7.    show2D(p3)              //对象参数兼容:属性多者可以传递给属性少者
8.    //show3D(p2)            //对象参数不兼容:属性少者无法传递给属性多者
```

第 1~2 行,定义 2 个接口类型,接口 Point2D 中有 2 个 number 属性;接口 Point3D 通过继承接口 Point2D 并增加一个 number 属性,相当于有 3 个属性,可覆盖 Point2D 的 2 个属性。因此 Point3D 可兼容 Point2D。

第 3~4 行,分别定义 2 个函数变量,注意,参数类型分别为 Point2D 和 Point3D。

第 5~6,分别声明 Point2D 和 Point3D 类型的 2 个变量 p2 和 p3,并初始化相应的属性值。

第 7 行,将 Point3D 类型变量 p3 作为参数传递给 show2D()函数,没有问题,show2D()的参数类型为 Point2D,而传入参数类型为 Point3D,即属性多者可以传递给属性少者。

第 8 行,而将 Point2D 类型变量 p2 作为参数传递给 show3D()函数会报错,如下所示:

```
Argument of type '{ x: number; y: number; }' is not assignable to parameter of type 'Point3D'.
Property 'z' is missing in type '{ x: number; y: number; }' but required in type 'Point3D'.
```

因为 show3D()函数的参数类型为 Point3D,有 3 个属性。而传入参数类型 Point2D 只

有 2 个属性。属性少者无法传递给属性多者。

2. 参数个数兼容

如果将函数 x 赋值给函数 y,那么 x 中的每个参数都应在 y 中有所对应,也就是说 x 的参数个数须小于或等于 y 的参数个数,即可以将参数少的函数传递给参数多的函数。

【例 6-39】 函数变量赋值过程中,参数个数的兼容性

```
1.      let x = function(a: number){}              //x(a:number)
2.      let y = (b: number, c: number) =>{}        //y(b:number,c:number)
3.      //x = y
4.      y = x
```

第 1 行,定义有 1 个参数的函数,并赋值给函数变量 x。
第 2 行,定义有 2 个参数的箭头函数,并赋值给函数变量 y。
第 3 行,表达式 x=y 会报语法错误:

Type '(b: number, c: number) => void' is not assignable to type '(a: number) => void'.

因为函数变量 y 有 2 个参数,已经超过函数变量 x 的参数个数(1 个)。

第 4 行,将 x 赋值给 y。因为 x 的参数个数小于或等于 y 的参数个数,满足兼容要求,因此没有问题。

在 TypeScript 中,大量回调函数参数变化的用法,实际上是利用了参数个数的兼容性。

【例 6-40】 回调函数的参数个数变化用法
在 VSCode 中输入如下代码:

```
let names = ['Ada','Bob']
names.forEach()
```

将鼠标移至 forEach()函数上,可看到该函数的使用说明:内部参数为回调函数,回调函数可以有 3 个参数 value、index、array,如下所示:

```
(method) Array<string>.forEach(callbackfn: (value: string, index: number, array: string[]) =>
void, thisArg?: any): void
```

按照函数的参数个数兼容性,编写如下测试代码:

```
1.      let names = ['Ada','Bob']
2.      names.forEach(() =>{ console.log('测试') })                    //将 0 参数函数赋值给回调函数
3.      names.forEach((value) =>{ console.log(value) })               //1 参数赋值
4.      names.forEach((value, index) =>{ console.log(index, value) }) //2 参数赋值
5.      names.forEach((value, index,arr) =>{ console.log(index, value,arr) })//3 参数赋值
```

第 2~5 行,回调函数的参数,分别使用了 0~3 个参数,都没有问题,因为实际参数个数小于或等于形式参数个数,都满足 TypeScript 中函数参数个数的兼容性要求。

执行结果如下:

```
测试
测试
Ada
Bob
0 Ada
1 Bob
0 Ada [ 'Ada', 'Bob' ]
1 Bob [ 'Ada', 'Bob' ]
```

3. 返回类型兼容

函数返回类型兼容性和函数参数类型兼容性类似：返回类型为原始类型时,类型必须相同；返回类型为对象类型时,则类型必须兼容。

【例6-41】 函数返回类型为原始类型时,类型必须相同,才能兼容

```
1.   function fa(): number{ return 1}
2.   let fb = (): number =>{ return 2}
3.   fb = fa
4.   console.log(fb())                    //1
```

第1~2行,定义两个函数,都返回原始类型number。

第3行,可将函数变量fa赋值给函数变量fb,因为这两个函数都返回原始类型且类型相同,满足函数的兼容性要求。

执行结果如下:

```
1
```

【例6-42】 函数返回为对象类型时,必须类型兼容

```
1.   function fa(): { x: number; y: number}{ return {x:1, y:2} }
2.   let fb = (): { x: number} =>{ return {x:1} }
3.   fb = fa
4.   console.log(fb());                   //{ x: 1, y: 2 }
5.   //fa = fb
```

第1~2行,定义两个函数,fa()函数的返回类型为{x:number;y:number},fb()函数的返回类型为{x:number}。

第3行,将函数变量fa赋值给函数变量fb,没有问题,因为fa()函数的返回类型能覆盖fb()函数的返回类型,满足兼容性要求。而第5行,因为返回类型不兼容,会报错。

执行结果为:

```
{ x: 1, y: 2 }
```

6.5 类型操作

在 TypeScript 中，可以对类型进行联合、交叉、别名、推断、断言、泛型等操作。

（1）联合类型（union type）：允许一个值具有多种可能的类型。使用符号 | 将多个类型组合在一起，代表值可以是这些类型中的任意一种。

（2）交叉类型（intersection type）：允许将多个类型合并成一个类型。使用符号 & 将多个类型组合在一起，表示一个值必须同时具备这些类型的属性。

（3）类型别名（type aliases）：类型别名允许为一个类型创建一个别名。使用关键字 type 为原来类型起一个别名，以便使用更简洁的名称来引用这个类型。

（4）类型推断（type inference）：是一种推断机制，编译器能够根据上下文自动推导出变量类型或函数返回的类型，而无须显式地指定类型。

（5）类型断言（type assertion）：通过使用 < Type > 或 as 的方式告知编译器，将一个变量断言为指定的类型。

（6）泛型（generics）：通过在函数、类或接口中使用"类型传参"，达到在调用时才确定真实类型的目的。这样就可编写出适用于多种类型的可重用代码。

6.5.1 联合类型

联合类型用竖线符号 | 分隔多个类型，代表变量类型可以是这些类型中的任意一种。

对于指定了联合类型的变量，其值的类型在运行过程中只能是赋予联合类型中的一种，如果被赋予联合类型之外的类型值，在编译时会报错。

【例 6-43】 定义可赋值为 number 或 string 类型的值

```
1.    let num : number | string = 1
2.    num = '3'
3.    console.log(typeof num, num);         // string 3
4.    num = 3
5.    console.log(typeof num, num);         // string 3
6.    //num = false
```

第 1 行，用竖线 | 分隔 number 和 string 类型，意味着 num 作为联合类型变量，可被赋予为 number 或 string 类型的值。

第 2 行，变量 num 被赋予 string 值 '3'，符合联合类型声明要求，没有语法问题。

第 4 行，变量 num 被赋予 number 值 3，符合联合类型声明要求，没有语法问题。

第 6 行，变量 num 被赋予 boolean 值 false，不符合联合类型声明要求。若不注释，则会出现如下语法报错信息：

```
Type 'boolean' is not assignable to type 'string | number'.
```

执行结果为：

```
string 3
number 3
```

【例6-44】 数组元素既可用 number 类型又可用 string 类型

```
1.    let nums: (number | string) [] = [1, 2, '3', '4']
2.    console.log(typeof nums, nums)                  // object [ 1, 2, '3', '4' ]
```

第1行,(number|string)代表元素的类型,其中圆括号()须加上,不加则变量 nums 的类型会变为 number 类型或 string 数组类型,而非数组类型。

执行结果为:

```
object [ 1, 2, '3', '4' ]
```

【例6-45】 使用关键字 keyof 返回对象属性的联合类型

```
1.    let propKeys: keyof {name:'Ada',gender:'F'}        // propKeys 类型为"name"|"gender"
2.    propKeys = "name"
3.    console.log({name:'Ada', gender:'F'}[propKeys])    //ada
```

第1行,用关键字 keyof 返回对象{name:'Ada',gender:'F'}属性的联合类型,即"name"|"gender",并以此作为变量 propKeys 的类型。所以变量 propKeys 的值只能为"name"或"gender",在第2行中,为 propKeys 变量赋值"name"。

第3行,propKeys 值为"name",因此{name:'Ada',gender:'F'}[propKeys]的实际输出为对象{name:'Ada',gender:'F'}的属性 name 的值,结果应该为'Ada'。

注意,当鼠标移动到第1行 propKeys 变量上时,可看到其类型的确为对象属性的联合类型,如图6-1所示。

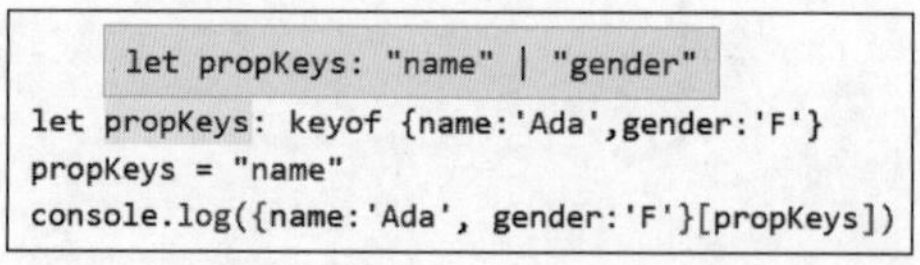

```
let propKeys: "name" | "gender"
let propKeys: keyof {name:'Ada',gender:'F'}
propKeys = "name"
console.log({name:'Ada', gender:'F'}[propKeys])
```

图6-1 propKeys 类型为对象属性的联合类型

6.5.2 交叉类型

交叉类型处理是指用符号 & 将多个类型合并为一个类型。

1. 对象类型的交叉类型

对象类型经过交叉类型处理后,将获取两个对象类型中的所有成员。

这里以接口类型为例,演示交叉类型处理,实践时也可以将接口换成类。

【例6-46】 交叉处理接口类型

```
1.    interface IEmployee {id: number, name: string, gender: string}
2.    interface ISalary {id: number, salary: number}
```

```
3.     let empSalary : IEmployee & ISalary
4.          = { id: 1, name: 'Ada', gender: 'F', salary: 3000 }
```

第1~2行，定义两个接口：IEmployee 和 ISalary。IEmployee 有 id、name、gender 3 个属性，ISalary 有 id、salary 两个属性。

第3行，声明变量 empSalary，其类型为 IEmployee、ISalary 两个接口的交叉类型。其结果类型相当于拥有 id、name、gender、salary 4 个属性的接口。

注意，当属性名重复时，仅保留一个。如属性 id 在两个接口中都存在，则交叉处理后仅保留一个。

第4行，初始化变量 empSalary 的属性值，并对 4 个属性都进行赋值。

注意，如果接口类型中有函数，则同属性一样，会成为交叉类型的函数。在接口 ISalary 中添加 addSalary():void 代码后，变量 empSalary 会报错，如下所示：

```
Type '{ id: number; name: string; gender: string; salary: number; }' is not assignable to type
'IEmployee & ISalary'.
Property 'addSalary' is missing in type '{ id: number; name: string; gender: string; salary:
number; }' but required in type 'ISalary'.
```

这就需要在对变量 empSalary 赋值时，在其内实现 addSalary() 函数。

2. 联合类型的交叉类型

联合类型经过交叉类型处理后，获取的是两个联合类型的交集。

【例 6-47】 交叉处理联合类型，获取两个联合类型的交集

```
1.    let s:(string | number) & (string | boolean)        //交集结果为string
2.    s = 'abc'
3.    console.log(typeof s);                              //string
4.    //s = 123
```

第1行，s 变量的类型为 (string|number) & (string|boolean)，此时交叉处理的两边为联合类型，对此获取交集的结果为 string 类型，因此变量 s 的实际类型为 string。

第2行，为变量 s 赋值 string 类型值，满足类型要求，无语法错误。

第3行，用 console.log() 函数输出变量 s 的类型。

第4行，若去除注释，则会出现如下报错信息：

```
Type 'number' is not assignable to type 'string'.
```

这是因为变量 s 实际类型经过交叉类型处理后被限定为 string，显然不能被赋予 number 类型的值。

执行结果为：

```
string
```

6.5.3 类型别名

类型别名是指使用关键字 type 为任意类型起别名,即用这个别名来代替原来的类型。一般建议用一个简短的类型别名来指代多次使用的复杂类型(如联合类型)。

类型别名语法如下所示:

```
type 别名 = 原类型
```

【例 6-48】 用 type 为坐标对象类型起别名

```
1.    type Point = {
2.        x: number;
3.        y: number;
4.    }
5.    let p1: Point = {x: 1, y: 2}
6.    let p2: Point = {x: 3, y: 4}
```

别名的类型是可以拓展的,将需要拓展的类型进行交叉处理就可以实现。

【例 6-49】 用 type 为交叉类型起别名

```
1.    type Point = {
2.        x: number;
3.        y: number;
4.    };
5.    type Point3D = Point & { z:number }
6.    let p3:Point3D = {x:1, y:2, z:3}
```

第 5 行,相当于对 Point 类型进行交叉处理。处理后,别名类型 Point3D 中含有来自 Point 类型的两个属性和另一属性 z,事实上起到了拓展 Point 类型的作用。

6.5.4 类型推断

即便没有对变量或函数返回进行类型声明,TypeScript 还是能通过类型推断机制自动判断所用的类型。

为了提高编写代码的效率,在某些场合下可不必做类型声明,进行类型推断处理即可。比如,当变量声明和赋值同时进行时,不需要明确地指定类型,TypeScript 会依照规则自动推断变量的真实类型。又如,在函数中定义中有明确的返回值时,TypeScript 也会推断出正确的函数返回类型,此时也不用声明函数返回类型。

【例 6-50】 对变量和函数返回进行类型推断

```
1.    let a = 18
2.    console.log(typeof a)                    // number
3.    //a = '九'        //Type 'string' is not assignable to type 'number'
4.    function min(a: number, b: number){
5.        return a < b ? a : b
```

```
6.    }
7.    console.log(typeof min(1,2))         // number
```

第 1 行,声明变量 a 后直接赋值,并没有指定类型。

第 2 行,用 console.log()函数输出变量 a 的类型,结果为 number,说明系统推断类型准确。

第 3 行,若将字符串值赋予变量 a,则会报错。因为 a 已推断为 number 类型,不能被赋予 string 类型的值。

第 4~6 行,定义 min()函数,注意,这里没有指定对返回类型。

第 7 行,用 console.log()函数输出 min()函数的返回类型,结果为 number,说明系统对函数返回类型也能进行准确推断。

6.5.5 类型断言

类型断言可以通过指定类型,允许变量从一种类型更改为另一种类型。

需注意的是,类型断言只能"告知"TypeScript 编译器,把它看成某种类型,无法避免类型不匹配而导致的运行时错误。

实现断言有两种语法,如下所示:

```
(1)<类型> 值
(2)值 as 类型
```

断言常用场合主要有以下三种:

(1)将一个联合类型推断为其中的某个类型。

(2)将 any 类型断言为某个类型。

(3)将一个父类(或接口)断言为某个子类型。

【例 6-51】 推断为联合类型中的某个类型

```
1.    function fmt(num: number | string){
2.        if (typeof num == 'number'){
3.            console.log((num as number).toFixed(2))    //断言后方可调 toFixed(),否则
                                                          //报 TypeError
4.            console.log((<number> num ).toFixed(2))    //断言的第二种方式
5.        }else{
6.            console.log(num)
7.        }
8.    }
9.    fmt(12.3456)
10.   fmt('12.3456')
```

第 1 行,参数 num 为联合类型,既可以输入 number 类型值也可以输入 string 类型值。

第 2 行,判断变量 num 的实际类型是否为 number。

第 3~4 行,分别用 as 方式和<类型>方式进行类型断言,并输出保留两位小数的结果。

执行结果为:

```
12.35
12.35
12.3456
```

注意,可将第 1 行中类型注解 number|string 改为 any,这并不影响运行结果。

【例 6-52】 将一个父类断言为某个子类

```
1.   class Shape{ }
2.   class Square extends Shape{ }
3.   class Circle extends Shape{ }
4.   function getShape(kind: string): Shape{
5.       switch(kind.toLowerCase()){
6.           case 'circle': return new Circle()
7.           case 'square': return new Square()
8.           default: return new Shape()
9.       }
10.  }
11.  let s1 = <Square>getShape('square')
12.  console.log(s1 instanceof Square)            //true
13.  let s2 = getShape('Circle') as Circle
14.  console.log(s2 instanceof Circle)            //true
```

第 1~3 行,分别定义父类 Shape 和相应的子类 Square、Circle。

第 4~10 行,定义 getShape()函数,根据参数 kind 值返回不同子类对象,默认情况下返回父类对象。

第 11 行和第 13 行,调用 getShape()函数,输入代表不同类型的参数值,返回后再进行相应的"子类"断言。

第 12 行和第 14 行,分别判断变量 s1 的类型是否为子类 Square,变量 s2 的类型是否为子类 Circle。

执行结果为:

```
true
true
```

6.5.6 泛型

在项目开发中,需要考虑代码的可重用性。函数、类、接口等不仅要能够支持当前的数据类型,同时也应考虑将来能灵活支持其他数据类型,此时可使用泛型来达到重用的效果。

泛型可以被视为数据类型的参数化。在 TypeScript 中,可以通过在函数、类或接口的声明中指定一个泛型变量来使用泛型。实际的类型会在调用时通过传递参数进行确认,因此泛型变量是一种抽象类型,只有在使用时才会确定其真实类型。

1. 泛型函数

泛型函数:对于函数可指定泛型变量,调用函数时传入实际类型。

泛型函数定义的基本语法如下所示:

```
function 函数名<泛型变量>(参数名：泛型变量)：泛型变量{
    函数体代码
}
```

其中泛型变量就是一个类型的占位符，可用任意合法标识符表示。但习惯上用 T 或 Type 代表"类型"，用 K 或 Key 代表"键的类型"，用 V 或 Value 代表"值的类型"，用 E 或 Element 代表"元素类型"等。

泛型函数调用的基本语法如下所示：

```
函数名<实际类型>(参数)
```

当指定实际类型时，泛型函数中定义的占位符类型将会被替换为实际类型。

【例 6-53】 函数带泛型参数

```
1.    function show<T>(x: T){
2.        console.log(x, typeof x)
3.    }
4.    show<number>(123)              //123 number
5.    show('abc')                    //abc string
```

第 1~3 行，定义函数 show()。注意，在函数名 show 后加<T>说明 show()为泛型函数。在参数中出现了(x:T)，则代表参数 x 将限定为泛型变量 T 所指示的类型。

第 2 行，输出变量 x 的值和变量 x 的类型。

第 4~5 行，调用泛型函数 show()，传入数值类型值。可观察到泛型的效果：泛型函数会按照实际输入类型 number 参与函数执行。

第 5 行，虽然没有指定实际类型 string，但系统还是会推断出类型。注意，不是所有场合都能推断出类型。

执行结果为：

```
123 number
abc string
```

在 TypeScript 中，可以通过使用逗号分隔不同的泛型变量，同时为函数定义多个类型参数。

【例 6-54】 函数带两个泛型

```
1.    function show<T, V>(value1 : T, value2 : V){
2.        console.log(value1, typeof value1)
3.        console.log(value2, typeof value2)
4.    }
5.    show(123, 'abc')
```

第 1 行，函数名 show 后加<T,V>，定义两个泛型变量。参数变量 value1 的类型为 T 指示的类型，参数变量 value2 的类型为 V 指示的类型。

第 2～3 行,分别输出两个参数的值和对应的实际类型。

第 5 行,调用泛型函数 show(),泛型函数会按照实际输入类型(此处输入两个值分别为数值类型和字符串类型),参与函数执行。

执行结果为:

```
123 number
abc string
```

【例 6-55】 指定函数返回类型为泛型

```
1.    function get<T>(x: T): T{
2.        return x
3.    }
4.    let x = get(123)
5.    console.log(x, typeof x)                  //123 number
```

第 1 行,函数名 get 后加<T>,定义一个泛型变量。除了参数 x 的类型为 T 指示的类型外,函数返回类型也使用了 T 指示的类型。

第 4 行,get()函数参数为 number 类型,返回值应该也是 number 类型。

执行结果为:

```
123 number
```

2. 泛型接口

在 TypeScript 中,可以使用泛型来定义接口。通过在接口的名称后使用<T>语法,可以为接口指定泛型变量。然后,在声明接口类型变量时,可以传入具体的类型来确定泛型的实际类型。

泛型接口的基本语法如下所示:

```
interface 接口名<泛型变量>{
    ...
    属性名: 泛型变量
}
```

【例 6-56】 定义泛型接口

```
1.    interface Ifc<Type>{
2.        v: Type
3.        u: (v: Type) => Type            //u()函数返回类型为 Type;或用 u(v:Type):Type 写法
4.        us: (vs: Type[]) => Type[]      //us()函数返回类型为 Type[]
5.    }
6.    let ifc: Ifc<number> = {
7.        v: 1,
8.        u(x: number){ return x },
9.        us(x: number[]){ return x }
10.   }
```

第 1~5 行，接口名 Ifc 后加<Type>，定义一个泛型接口。在接口中定义 Type 类型的属性 v。另外，函数 u() 和 us() 的参数类型和返回类型也被定义为 Type 类型。

注意，函数 u() 和 us() 使用了＝＞方式指定返回类型，也可使用":"方式指定返回类型，代码如下所示：

```
u(v : Type) : Type
us(vs : Type[]) : Type[]
```

第 6~10，声明泛型接口 Ifc 类型的变量 ifc。因为指示了实际类型 number，因此赋给属性 v 的值必须是 number 类型，两个函数中也使用 number 类型替代原泛型 Type。

实际上，TypeScript 数组就是一个泛型接口 interface Array<T>{…}。当使用数组时，TypeScript 会根据不同类型，自动将泛型设置为相应的实际类型。如下代码：

```
1.    let ary1:Array<string> = []
2.    let ary2:Array<number> = []
```

第 1 行，Array<string>会自动设置元素的实际类型为 string。
第 2 行，Array<number>会自动设置元素的实际类型为 number。

3. 泛型类

在 TypeScript 中，可以在类中指定泛型变量，并在创建类的对象时传入实际类型。
泛型类基本语法如下所示：

```
class 类名<泛型变量>{
    …
    属性名：泛型变量
    constructor(参数名：泛型变量){ … }
    函数名(参数名：泛型变量)：泛型变量 { … }
}
```

【例 6-57】 定义泛型类

```
1.    class Wrapper<Type>{
2.        value: Type
3.        constructor(value: Type){
4.            this.value = value
5.        }
6.        getValue(): Type{
7.            return this.value
8.        }
9.    }
10.   let n = new Wrapper<number>(123)
11.   console.log(n, typeof n)
12.   let m = new Wrapper<string>('abc')
13.   console.log(m, typeof m)
```

第 1~9 行，Wrapper 类有泛型变量 Type，在类中定义 Type 类型的属性 value，构造函数的参数类型也为泛型变量类型,函数 getValue() 的返回类型也使用函数泛型变量类型。

第 10 行,在调用泛型类 Wrapper 的构造函数时,指定实际类型为 number。

第 12 行,在调用泛型类 Wrapper 的构造函数时,指定实际类型为 string。

执行结果如下:

```
Wrapper { value: 123 } object
Wrapper { value: 'abc' } object
```

4. 泛型约束

因为泛型变量可代表任意类型,某些情况下会导致无法访问属性和函数的问题。此时,可用 extends 关键字对泛型添加约束,缩小其类型范围。

【例 6-58】 没有约束时,泛型可能会引发无法访问属性的问题

```
1.    function getLength<T>(value: T): number{
2.        return value.length
3.    }
```

以上代码定义了函数泛型,其中参数 value 的类型由泛型变量 T 指定。第 2 行,返回参数变量的 length 属性。但显然,并不是所有类型都有 length 属性,因此在 VSCode 环境中会出现如下错误:

```
Property 'length' does not exist on type 'T'.
```

使用泛型约束可解决该类问题。

【例 6-59】 使用泛型约束来解决访问属性的问题

```
1.    interface ILength{
2.        length: number
3.    }
4.    function getLength<T extends ILength>(value:T):number{
5.        return value.length
6.    }
7.    console.log(getLength('abc'))              //3
8.    console.log(getLength([1,2,3]))            //3
9.    //let iLen = getLength(123)                //报错
```

第 1~3 行,定义接口 ILength,并做出规范:内部有类型为 number 的属性 length。

第 4~5 行,用关键字 extends 将泛型变量 T 约束为 ILength 接口类型,此时因为接口 ILength 中有类型为 number 的 length 属性,因此代码 value.length 不再报错。

第 7~8 行,调用函数 getLength(),分别输入字符串值和数组值,因为这两种类型变量都有 length 属性,所以都没有问题。

但第 9 行,在调用函数 getLength(),输入 number 类型值时,因为 number 值没有 length 属性,因此编译时会报如下错误:

```
Argument of type 'number' is not assignable to parameter of type 'ILength'.
```

通过 K extends keyof T 指示可知,泛型 T 可以作为另一个泛型 K 的约束。

【例 6-60】 一个泛型可以作为另一个泛型的约束

```
1.    function getProp<T, K extends keyof T>(obj: T, key: K){
2.        return obj[key]
3.    }
4.    let person = {name: 'Ada', gender: 'F'}
5.    console.log(getProp(person,'name'))         //Ada
```

第 1 行,K extends keyof T 指示:泛型 K 的类型被约束为另一个泛型 T 的键。参数 obj 的类型为泛型 T,另一参数 key 的类型被指定为泛型 K。

第 2 行,返回参数对象 obj 的属性 key 的值。

第 4 行,定义对象 person,其结构内有两个属性。

第 5 行,调用泛型函数 getProp(),参数值为 person 对象和'name'字符串。因此返回 obj[key]即返回 person['name'],其结果为'Ada'。

执行结果如下:

```
Ada
```

5. 索引签名约束

索引指对象中属性或数组中元素的位置。因此在实际使用中,对象的索引就是字符串类型的"属性名",数组的索引就是数值类型的"下标值"。

当无法确定对象的属性个数,或者无法确定数组的元素个数时,可使用索引签名进行约束。

【例 6-61】 使用字符串索引签名来约束对象的属性类型

```
1.    type scoresType = {
2.        [prop:string]: number              //[]为索引
3.    }
4.    let scores: scoresType = {'Ada':99,'Bob':88}
```

第 2 行,对象属性名位置使用了字符串索引签名[prop:string],代表对象可以有多个属性,且属性名为 string 类型,属性值为 number 类型。

第 4 行,定义 scoresType 类型变量 scores。注意,其属性可有任意多个,并且满足索引签名约束的要求:属性名类型为 string,属性值类型为 number。

索引签名也可以和确定属性、可选属性等一起使用。不过,一旦定义了索引签名,那么确定属性和可选属性的类型都必须是索引签名类型的子集。

【例 6-62】 索引签名和确定属性、可选属性一起使用

```
1.    type StuScoresType = {
2.        name: string                       //确定属性
3.        age?: number                       //可选属性
```

```
4.      [score: string]: string | number | undefined    //索引签名类型属性
5.  }
6.  let adaScores: StuScoresType = {
7.      name:'Ada',
8.      math:99,
9.      english:'良'
10. }
11. console.log(adaScores)
```

第1~5行,用别名StuScoresType定义对象类型,其结构有确定属性name、可选属性age,以及索引签名类型属性score。索引签名类型属性score的要求是:属性名为string类型,属性值为联合类型,即可以为string、number或undefined类型。

第6~10行,定义StuScoresType类型变量adaScores,第7行为确定属性name赋值,第8~9行为索引签名属性赋值,而此处并没有为可选属性age赋值。

执行结果如下:

```
{ name: 'Ada', math: 99, english: '良' }
```

【例6-63】 数字索引签名

```
1.  interface Ary {
2.      [index: number]: string
3.  }
4.  let names: Ary = ['Ada','Bob','Cindy']
```

第1~3行,定义接口Ary,内部含有数字索引签名属性,即接口Ary可以有多个属性,且属性名为数值类型(即数字索引),属性值为string类型。

第4行,定义数字索引签名类型Ary的变量names,['Ada','Bob','Cindy']这种形式表明,赋予该变量的值是数组。

【例6-64】 令数字索引签名的值类型为泛型

```
1.  interface Ary<T> {
2.      [index:number]: T
3.  }
4.  let names: Ary<string> = ['Ada', 'Bob', 'Cindy']
5.  let scores: Ary<number> = [99, 88, 77]
```

第1行,定义接口时加入了泛型变量T,因此元素的类型将变得更加灵活。
第2行,索引签名的值类型为泛型变量T。
第4~5行,定义Ary类型的两个数组变量,其元素类型分别为string和number。

视频讲解

6.6 错误处理

代码执行过程中一旦发生错误,通常会抛出一个错误对象,并造成程序执行中断。为有效管理程序中的错误,TypeScript引入了try…catch…finally结构来捕获和处理错误,从而避免程序因错误而中断。

捕获和处理错误的基本语法如下所示：

```
try {
    可能产生错误的逻辑代码块
} catch(错误名) {
    错误发生后的处理代码块
} finally {
    无论有无错误都执行的代码块
}
```

在 try 语句块中，放入可能产生错误的逻辑代码块。当代码块中产生错误时，用 catch 捕捉并在其代码块中进行处理，错误名通常使用 error 标识。此外，无论是否有错误，都可在 finally 语句块中进行最后的处理。注意，finally 代码块在语法上是可省略的。

【例 6-65】 用 try…catch 语句进行错误处理

```
1.   try {
2.       let a = 1.23
3.       a.toFixed(-1)                    //指定小数位个数
4.   }
5.   catch (error) {
6.       console.log(error)
7.   }
8.   console.log('end')
```

第 1~4 行，为 try 代码块。其中第 3 行的函数 toFixed()用于指定小数点后的位数，正常值为[0,20]的整数，这里故意输入-1，从而引发类型为 RangeError 的错误对象的抛出。

第 5~7 行，为 catch 代码块。其中第 5 行参数 error 为抛出的错误对象，第 6 行则通过 console.log()函数输出被捕获错误对象 error 的信息。

第 8 行，用于判断用 try…catch 处理错误后，下方的代码能否继续正常执行。

执行结果为：

```
RangeError: toFixed() digits argument must be between 0 and 100
    at Number.toFixed (<anonymous>)
    ……
    at node:internal/main/run_main_module:17:47
end
```

说明异常被捕获处理了，后续代码也能正常执行了。

【例 6-66】 用 try…catch…finally 语句进行错误处理

```
1.   try {
2.       let a = 1.23
3.       a.toFixed(-1)
4.   } catch (error) {
5.       console.log(error)
```

```
6.      } finally {
7.          console.log('finally')
8.      }
9.  console.log('end')
```

第 3 行，执行函数 toFixed() 时，因为参数值为 −1，不在正常范围中，所以会产生类型为 RangeError 的错误对象。

第 6～8 行，finally 代码块无论是否产生了错误，都会执行。

执行结果为：

```
RangeError: toFixed() digits argument must be between 0 and 100
    at Number.toFixed (<anonymous>)
    ……
  at node:internal/main/run_main_module:17:47
finally
end
```

若将第 3 行 toFixed() 函数的参数改为 2，则不会抛出错误。再次执行，结果为：

```
finally
end
```

可见，无论有无错误 finally 代码块始终会执行。

【例 6-67】 使用关键字 throw 主动抛出错误

```
1.  try {
2.      let b = 0
3.      if(b == 0){
4.          throw new Error('除 0 错误')
5.      }
6.      console.log(100/b)
7.  } catch (error) {
8.      console.log(error)
9.  } finally {
10.     console.log('finally')
11. }
```

第 4 行，使用关键字 throw 加 new Error('错误信息') 抛出错误对象，实际上也可用简化的 throw 加 "错误信息" 的方式抛出错误，如下所示：

```
throw '输入错误信息'
```

执行结果为：

```
Error: 除 0 错误
    at Object.<anonymous> (C:\ts\Test.js:5:15)
    …
```

```
    at node:internal/main/run_main_module:17:47
finally
```

6.7 异步处理

视频讲解

在大多数情况下,程序执行的是同步任务:在调用某个函数时,需要等待该函数执行完成,才能执行后面的代码。但是有时候需要执行异步任务,即无须等待函数执行完成就可以执行该函数后面的代码。

对于不需要立即返回结果且耗时的函数,可以将其设置为异步任务。

异步任务的好处是,主代码不会被阻塞,可以继续向下执行,从而提高程序整体的运行效率。

6.7.1 传统回调函数实现异步处理

JavaScript 在底层采用事件循环机制(event loop)来处理异步操作。这个机制允许通过使用一些内置函数,如 setTimeout、forEach、setInterval 等,实现异步处理功能。通过这种机制,JavaScript 引擎在单线程下处理异步任务,保证了代码的顺序执行,并使浏览器的 UI 渲染和响应能够保持流畅。作为 JavaScript 的超集,TypeScript 当然可以直接调用 JavaScript 中的内置函数来实现这种异步处理功能。

对于事件循环机制的简单理解为:

浏览器的执行过程涉及多个线程,包括 GUI 渲染线程、事件监听线程、JavaScript 引擎线程、HTTP 请求线程等。其中,JavaScript 引擎线程是单线程的,负责解析和执行 JavaScript 代码。

当 JavaScript 引擎线程遇到异步宏任务(如 setTimeout、forEach、setInterval 等内置函数)时,它不会立即执行这些任务,而是将它们放入任务监听队列,并由任务监听队列负责监听。而同步代码将继续执行,不会被阻塞。当任务监听队列监听到异步任务可执行时(比如 setTimeout 延时到点),它会将这些异步任务放入事件任务队列的宏任务队列,等待执行。当同步代码执行完毕后,JavaScript 引擎线程空闲,开始按顺序执行事件任务队列中的宏任务。

需要注意的是,事件任务队列中不仅有宏任务,还可能有微任务(如 Promise 的回调函数)。微任务是一种高优先级的任务,会在宏任务执行完毕后立即执行。

【例 6-68】 用函数 setTimeout()执行异步任务

```
1.  setTimeout( ( ) = >
2.      console.log('延时执行'),
3.  1000 )
4.  console.log('后续执行')
```

第 1~3 行,用函数 setTimeout()实现延时 1000 毫秒后显示信息"延时执行"。

执行结果为:

> 后续执行
> 延时执行

从结果上看,函数 setTimeout() 的执行过程就是一个异步任务:其内部回调函数未结束时,就先执行了后续代码。

传统回调函数在层层嵌套时,代码不够简洁清晰,可读性变差,不易进行后期维护。这种多层嵌套代码,通常被称为回调地狱(callback hell)或毁灭金字塔,应该避免。

【例 6-69】 回调地狱:回调函数层层嵌套

```
1.    setTimeout(() =>{                    //最外层
2.        console.log('第 1 步')
3.        setTimeout(() =>{                //中间层
4.            console.log('第 2 步')
5.            setTimeout(() =>{            //最内层
6.                console.log('第 3 步')
7.            }, 500)
8.        }, 1000)
9.    }, 2000)
```

仔细阅读以上代码,其逻辑功能为:2000 毫秒后输出"第 1 步";1000 毫秒后输出"第 2 步";500 毫秒后输出"第 3 步"。执行结果为:

> 第 1 步
> 第 2 步
> 第 3 步

以上回调函数嵌套回调函数的代码,可读性较差。倘若业务逻辑再复杂一些,恐怕代码就更无法顺畅阅读了。

为避免回调地狱,可采用 Promise 异步编程方案。

6.7.2 Promise 实现异步编程

Promise 是 JavaScript 中的一个原生对象,代表了未来将要发生的事件,封装了异步操作及用来传递的异步操作信息。setTimeout()、foreach()、setInterval() 等函数执行的是"异步宏任务"。相应地,Promise 构造函数执行的任务被称为"异步微任务"。

使用 Promise 可以构造具有异步行为的回调函数,并且这些回调函数执行的任务属于微任务。Promise 对象有 3 种状态:pending(进行中,是 Promise 对象的初始状态)、fulfilled(已完成,代表任务成功执行)和 rejected(已拒绝,代表任务执行失败)。

Promise 的构造函数接受一个回调函数作为参数,这个回调函数有两个参数,通常被命名为 resolve() 和 reject() 函数(可改用其他更为直观,意义更明确的名称)。resolve() 函数用于在任务成功执行后将 Promise 的状态变为 fulfilled,并且可以传递成功数据作为参数;而 reject() 函数用于在任务执行失败时将 Promise 的状态变为 rejected,并且可以传递失败数据作为参数。

Promise 对象的 then() 函数用于接收任务成功时传递的数据，Promise 对象的 catch() 函数则用于接收任务失败时传递的数据。这两个函数并不是直接执行的，而是会放入"任务监听队列"中并由该"队列"负责监听，而同步代码将继续执行。

【例 6-70】 用 Promise 实现简单的异步编程

```
1.    let p = new Promise(
2.      (resolve) => resolve(1)
3.    )
4.    p.then( data =>                    // 箭头函数的参数 data 为 resolve()的返回值
5.      console.log(data)
6.    )
7.    console.log(2)
```

第 1~3 行，构造 Promise 对象 p。Promise 构造函数中的回调函数就是一个异步任务，该任务调用函数 resolve(1)，返回成功状态及数据值 1。

第 4~6 行，为函数 then()成功处理任务返回的逻辑，第 5 行将输出任务成功处理的返回值 1。

第 7 行，同步代码中执行输出数值 2。

执行结果为：

```
2
1
```

从结果上看，Promise 构造函数中的回调函数就是一个异步任务，其内部回调函数未返回成功结果时，就先执行了后续的同步代码。而函数 then()处理 Promise 任务成功返回后的逻辑。

【例 6-71】 使用 Promise 异步编程，避免回调地狱

```
1.    new Promise(
2.        (resolve) =>{
3.            resolve("第1步成功执行")
4.        }
5.    ).then(data =>{
6.        console.log(data)
7.        return new Promise(
8.            (resolve) =>{
9.                resolve("第2步成功执行")
10.           }
11.       )
12.   }).then(data =>{
13.       console.log(data)
14.       return new Promise(
15.           (resolve) =>{
16.               resolve("第3步成功执行")
17.           }
18.       )
```

```
19.     }).then( data =>{ console.log(data)})
20.   console.log("end")
```

第1~5行,创建Promise对象,执行内部的回调函数resolve(),resolve()通知执行成功,则会执行第5行的函数then()。注意,函数resolve()的参数值"第1步成功执行"也将传递给第5行then()的参数data。后面第12行、第19行的函数then()是链式调用,执行逻辑是一样的。

比较回调函数嵌套结构写法(回调地狱),此处的Promise采用纵向结构写法,虽然代码量增加了,但代码的可读性有所提高。

执行结果为:

```
end
第1步成功执行
第2步成功执行
第3步成功执行
```

Promise正常返回时会执行then回调,失败返回则会执行catch回调,而无论返回成功或失败都将执行finally回调。

【例6-72】 Promise 的 then…catch…finally 写法

```
1.    const p = new Promise( (resolve, reject) => {
2.       //resolve('执行成功')                      //Promise 进入 fulfilled 状态
3.       reject('执行异常') //类似于执行 throw 错误(异常), Promise 进入 rejected 状态
4.    }).then(data => console.log("then 处理:",data))    //处理成功
5.     .catch(data => console.log("catch 处理:",data))   //处理失败
6.     .finally(() => console.log("成功或失败都会执行"))  //不管成功或失败,都会执行
```

在Promise中调用函数resolve()后,将执行第4行then()函数中的回调代码;当在Promise中改换为调用函数reject()后,会抛出错误并传递失败数据,将执行第5行catch()函数中的回调代码;不管Promise异步结果成功或失败,最后都将执行第6行finally()函数中的回调代码。

执行结果为:

```
catch 处理:执行异常
成功或失败都会执行
```

将第2行的注释去除,并将第3行注释掉再执行,结果为:

```
then 处理:执行成功
成功或失败都会执行
```

函数Promise.all()用于将多个Promise异步任务实例包装成一个新的Promise实例。执行成功时,返回的是一个成功数据数组;执行失败时,返回最先被reject的值,即第一个被执行函数reject()的参数值。

函数 Promise.all() 的基本语法如下所示：

```
Promise.all(Array<Promise>>)
```

【例6-73】 用 Promise.all() 处理多个异步任务

```
1.    const prom = function (mils: number, ok = true){
2.        return new Promise((resolve, reject) =>{
3.            setTimeout(() =>{
4.                ok ? resolve(`执行 ${mils}毫秒`) : reject(`失败 ${mils}毫秒`)
5.            },mils)
6.        })
7.    }
8.    Promise.all([prom(500),prom(1000),prom(2000)])         //prom()返回 Promise 对象
9.        .then(res => console.log(res))
10.       .catch(err => console.log(err))
```

第1～7行，定义了函数 prom()，其中参数 mils 为毫秒值，参数 ok 为布尔值(默认值为 true)；函数返回的是 Promise 类型的对象。

第2～6行，在构造函数 Promise() 中定义回调函数 setTimeout()。该回调函数在延迟 mils 毫秒后执行：当 ok 值为真时，执行函数 resovle()，返回成功状态和数据，否则执行函数 reject()，返回失败状态和数据。

第8～10行，用 Promise.all 处理3个异步任务：prom(500)、prom(1000) 和 prom(2000)。由于在第1行中 ok 的默认值为 true，因此代码正常执行，返回结果数组中包含相应的3个成功状态。

执行结果为：

```
[ '执行 500 毫秒', '执行 1000 毫秒', '执行 2000 毫秒' ]
```

将第1行中的 ok 值改为 false，则结果为最先被 reject 的值，执行结果为：

```
失败 500 毫秒
```

Promise 还有一个静态函数 race()，执行过程与 Promise.all() 类似，不过这个静态函数只返回最先处理完成的 Promise 数据。

函数 Promise.race() 的基本语法如下所示：

```
Promise.race(Array<Promise>>)
```

【例6-74】 用 Promise.race() 处理多个异步任务

```
1.    const prom = function (mils: number, ok = true){
2.        return new Promise((resolve, reject) =>{
3.            setTimeout(() =>{
4.                ok? resolve(`执行 ${mils}毫秒`): reject(`失败 ${mils}毫秒`)
```

```
5.              },mils)
6.          })
7.      }
8.      Promise.race([prom(500),prom(1000),prom(2000)])
9.          .then(res => console.log(res))
10.         .catch(err => console.log(err))
```

代码和 Promise.all 示例基本相同,只是将 Promise.all 改为了 Promise.race。

由于第 1 行中的 ok 默认值为 true,因此返回最先处理完成的成功状态数据,执行结果为:

执行 500 毫秒

将第 1 行中 ok 值改为 false,则返回最先被 reject 的值,执行结果为:

失败 500 毫秒

6.7.3 async 和 await

ES2017 引入了两个关键字 async 和 await,作为 Promise 语法糖,允许通过类似于编写同步代码的方式编写异步任务,这会简化原来 Promise 相对复杂的异步代码,使代码更易读、更具可维护性。

使用 async 关键字来声明一个异步函数,将函数体包装成一个 Promise 对象。而在异步函数内部,可以使用 await 关键字来阻塞函数的执行,直到等待的 Promise 对象返回一个结果。这样可以确保后续的代码在获得需要的异步结果后再执行,避免了复杂的 Promise 链式调用。

1. async 关键字

使用 async 修饰的函数就是异步函数,该异步函数实际上会返回一个 Promise 对象。注意,即使 async 修饰的函数没有显式地返回 Promise 对象,系统也会为该异步函数自动返回一个 Promise 对象。

【例 6-75】 用 async 修饰异步函数,返回 Promise 对象

```
1.      async function asyFn(){
2.          return '1 执行异步任务'
3.      }
4.      asyFn().then(                    // let p : Promise<void> = asyFn()
5.          result => console.log(result)
6.      )
7.      console.log('2 执行后续功能')
```

第 1~3 行,用关键字 async 声明 asyFn()为异步函数,并对该函数做了简单的定义。

第 4~6 行,调用异步函数 asyFn()。异步函数实际上会返回一个 Promise 对象,因此,当有结果成功返回时,会执行函数 then()的回调,在此处成功返回数据"1 执行异步任务"。

第 7 行,执行主程序后续代码。

执行结果为:

```
2 执行后续功能
1 执行异步任务
```

从结果上看,实际先执行的是主程序后续代码,后执行的是异步函数 asyFn()。

2. await 关键字

await 关键字必须出现在 async 关键字修饰的函数内部,不能单独使用。await 关键字的功能是暂停 async 函数内代码的执行,直到 await 修饰的 Promise 对象(异步函数)返回结果后才会继续执行下方的代码。当然,此时其他同步代码会继续执行,并不会阻塞整体程序的运行。

【例 6-76】 await 修饰异步函数,令函数同步化执行

```
1.   function f(){
2.       return new Promise(resolve =>{
3.           setTimeout( () =>{
4.               console.log('用 1 秒执行 f 函数')
5.               resolve("已正常执行 f 函数")
6.           },
7.           1000)
8.       })
9.   }
10.  async function test(){
11.      let t = await f()
12.      console.log("正常执行")
13.      console.log(t)
14.  }
15.  test()
```

第 1~9 行,定义一个返回 Promise 对象的异步函数 f()。其功能为:等待 1000 毫秒后,输出"用 1 秒执行 f 函数"信息,并返回正常执行结果"已正常执行 f 函数"。

第 10~14 行,用关键字 async 定义一个异步执行函数 test()。注意,第 11 行的函数 f()前面有关键字 await 修饰,因此异步函数 f()执行结束后才会执行后面第 12 行和第 13 行的输出语句。

第 15 行,执行函数 test(),可看到如下运行结果:

```
用 1 秒执行 f 函数
正常执行
已正常执行 f 函数
```

这说明关键字 await 会使程序在异步处理函数执行结束后,再执行后续代码。这相当于将异步处理代码改造成了同步操作代码方式。

将第 11 行的关键字 await 去除,再执行,可看到如下运行结果:

```
正常执行
Promise { <pending> }
用 1 秒执行 f 函数
```

这说明去除关键字 await 后,程序回到了异步处理模式:先执行第 12 种 13 行的输出操作,1 秒后执行了 f()异步函数的输出操作。注意第 13 行的输出,此时函数 resolve()尚未执行,因此返回值为 Promise { <pending> }。

6.8 实战闯关——语法进阶

语法进阶,需掌握的内容较多,包括:对数组或对象的解构和展开操作;public、protected、private 和 readonly 等修饰符的使用;附着于类、函数、属性、访问器或参数之上的装饰器的定义和使用;类型兼容性的把握;联合、交叉、别名、推断、断言、泛型等类型的操作;用 try…catch…finally 结构来捕获和处理错误;异步编程代码的实现等。

【实战 6-1】 数组的解构与展开

假设有斐波那契数列前 10 个数值定义在数组变量 fibonacci 中,如下所示:

```
let fibonacci = [0,1,1,2,3,5,8,13,21,24]
```

(1) 写代码,解构出下标为偶数的元素值,分别放入 f0、f2、f4、f6、f8 变量中。
提示:通过数组解构语法,将[0]、[2]、[4]、[6]、[8]下标处放入相应的变量。
(2) 写代码,将 f0、f2、f4、f6、f8 变量做展开,生成新的数组变量 fibEven。

【实战 6-2】 对象的解构和展开

假设定义有如下 circles 对象:

```
1.   let circles = {
2.      count : 3,
3.      members : [
4.          {x:1, y:2, radius:3},
5.          {x:4, y:5, radius:6},
6.          {x:7, y:8, radius:9},
7.      ]
8.   }
```

(1) 使用对象解构语法,获取 circles 对象中的 members 属性值,并放入名为 aryCircle 的变量。
(2) 利用对象展开语法,创建一个 newCircles 对象。要求 newCircles 对象除了包含 circles 对象的所有属性外,还包含一个新增属性 pi:3.14。

【实战 6-3】 访问修饰符

观察如下代码:

```
1.   class Abc {
2.       private a : number = 1
```

```
3.         protected b : number = 2
4.         public c : number = 3
5.         access = () =>{ console.log(this.a, this.b, this.c) }
6.     }
7.     class Abcd extends Abc{
8.         d : number = 3
9.         access = () =>{ console.log(this.a, this.b, this.c, this.d) }
10.    }
11.    class Tool{
12.        access(){
13.            const abc = new Abc()
14.            abc.a = 10; abc.b = 20; abc.c = 20
15.        }
16.    }
```

请找出以上代码中的语法问题，并分析原因。

【实战 6-4】 装饰符

观察如下代码：

```
1.     class Emp {
2.         private static _count = 0
3.         public birth: Date
4.         constructor(public name:string, birth: Date){
5.             this.birth = birth
6.             Emp._count++
7.         }
8.         static count() : number{
9.             return Emp._count
10.        }
11.
12.        get age() : number{
13.            if(this.birth == null) return 0
14.            return new Date().getFullYear() - this.birth.getFullYear()
15.        }
16.    }
```

按如下要求添加装饰符：

（1）为类 Emp 添加类装饰符@classLog,具体实现功能不做限制。

（2）为属性 birth 添加属性装饰符@propertyLog,具体实现功能不做限制。

（3）为函数 count()添加函数装饰符@methodLog,具体实现功能不做限制。

（4）为访问器 get age()添加访问器装饰符@accessLog,具体实现功能不做限制。

【实战 6-5】 类型兼容

（1）观察如下代码：

```
1.     type Cat = {
2.         name: string
3.         age: number
```

```
4.     }
5.     type Duck = {
6.         name: string
7.         age: number
8.     }
9.     let kitty: Cat = {name:'Kitty', age:3}
10.    let donald: Duck = kitty
```

判断代码中是否存在语法问题,并分析原因。

(2) 观察如下代码:

```
1.     let show2D = (p2:{ x:number, y:number})=>{ }
2.     let show3D = (p3:{ x:number, y:number, z:number})=>{ }
3.     let b2 = {x:1, y:2}
4.     let b3 = {x:1, y:2, z:3}
5.     show2D(b2)
6.     show2D(b3)
7.     show3D(b2)
8.     show3D(b3)
```

判断代码中是否存在语法问题,并分析原因。

【实战 6-6】 类型操作

(1) 观察如下代码:

```
1.     let s: (string | number) & (string | boolean)
2.     s = 'abc'
3.     s = 123
4.     s = true
```

判断代码中是否存在语法问题,并分析原因。

(2) 有如下代码行:

```
let p3d: {x:number, y:number, z:number}
```

编写代码:

(1) 将以上对象类型{x:number,y:number,z:number}用别名 Xyz 表示。
(2) 将 p3d 变量声明为 Xyz 类型。
(3) 有如下代码行:

```
1.     let a = 1
2.     let b = 'b'
3.     let c = false
4.     let d = [a,b,c]
5.     let e = (x: number,y: number)=>{return x > y}
6.     let f = {x: 1, y: 2}
7.     console.log(typeof a, typeof b, typeof c)
8.     console.log(typeof d, typeof e, typeof f)
```

写出以上代码运行的结果,并分析原因。

(4) 有如下代码行:

```
1.    let n = '123.456'
2.    let n2 = (n as number)
3.
4.    let m: number|string = '123.456'
5.    let m2: number = (m as number)
6.
7.    let p: number|string = 123.456
8.    if(typeof p === 'number'){
9.        console.log(p * 2)
10.   }else{
11.       console.log(`${p} 是字符串`)
12.   }
```

找出其中存在的语法问题,并分析原因。

(5) 分析如下代码:

```
1.    class Emp{
2.        constructor(public name: string, public age: number){ }
3.    }
4.    class Book{
5.        constructor(public name: string, public price: number){ }
6.    }
7.
8.    let emps = new Collection< string, Emp >()
9.    emps.save('ada', new Emp('Ada',18))
10.   emps.save('bob', new Emp('Bob',19))
11.   emps.edit('bob', new Emp('Bob',20))
12.   let bob = emps.get('bob')
13.   console.log(typeof bob, bob)
14.   emps.save('cindy', new Emp('Cindy',19))
15.   emps.remove('bob')
16.   emps.showList()
17.
18.   let books = new Collection< string, Book >()
19.   books.save('9787302614616',new Book('软件工程导论与项目案例教程',59.9))
20.   books.save('9787302615590',new Book('React 全栈式实战开发入门',69.9))
21.   books.edit('9787302615590',new Book('React 全栈式实战开发入门',79.9))
22.   let bookSE = books.get('9787302614616')
23.   console.log(typeof bookSE, bookSE)
24.   books.save('9787302610274',new Book('大数据分析—预测建模与评价机制',89.9))
25.   books.remove('9787302615590')
26.   books.showList()
```

第 1～6 行,定义两个类 Emp 和 Book。注意,Emp 和 Book 的类结构是不同的。

第 8～16 行,用 new Collection< string,Emp >()创建对象,并通过 Collection 中定义的 5 个函数 save()、edit()、get()、remove()、showList()针对 Emp 对象进行相关操作。

第18～26行，类似第8～16行的操作，但使用了 new Collection<string,Book>() 创建对象，即操作对象类型从 Emp 变成了 Book。操作函数不变，依然是 save()、edit()、get()、remove() 和 showList()。

请用泛型语法，编写代码中缺失的类 Collection。注意，必要时可修改类 Emp 和 Book，以保证能正常运行 Collection 中的各个功能函数。

【实战 6-7】 错误处理

求解三角形的面积。

针对代表三角形三条边长的字符串（如 '10,10,15'）编写函数 getArea()，求三角形的面积。

假设已完成部分代码如下所示：

```
1.    function getArea(strSides: string): number{
2.        let s = 0
3.        //需要补充代码
4.        return s
5.    }
6.    let strSides = '10,10,15'          //三边长度用逗号分隔表示
7.    let s = getArea(strSides)
8.    console.log(s);
```

请补齐函数 getArea() 的功能代码，要求如下：

(1) 判断三条边长值是否都可正常转换为数值类型，若不能，则抛出错误"输入的边长格式存在错误，无法转换为数值类型"。

提示：函数 Number(str) 返回 NaN 值时，可认定输入字符串无法转换为数值类型。

(2) 若三条边长无法构成三角形时，则抛出错误"三条边存在问题，无法构成一个三角形"。

提示：任意两边之和小于第三边时，无法构成三角形。

(3) 完成求解三角形面积的主体功能。

提示：已知三边是 a、b、c，求三角形面积 S，可用海伦公式求解，如公式 6-1 表示：

$$S = \sqrt[2]{p(p-a)(p-b)(p-c)} \qquad \text{(公式 6-1)}$$

其中 $p=(a+b+c)/2$。

【实战 6-8】 异步处理

读取 http-server 服务器上网页内容的大小。

(1) http-server 环境配置：

http-server 是一款在 Node.js 平台上运行的 HTTP 服务器，用如下 npm 命令安装并启动：

```
npm install http-server
http-server -p 80
```

第 1 行，安装 http-server 服务的模块。

第 2 行，在 80 端口上启动 http-server 并对外提供服务。

（2）创建网页文件 test.html，代码如下：

```
<html>
    <head><title>测试 http</title></head>
    <body>Hello, TypeScript</body>
</html>
```

（3）创建文件 test.ts，用于读取 test.html 文件内容及其大小，代码如下：

```
1.   const http = require('http')
2.   let queryStr = 'http://localhost/test.html'
3.   let size = http.get(queryStr, (req:any, res:any) => {
4.       let html = ''
5.       console.log('发送请求：' + queryStr);
6.       //通过'data'事件处理函数,将每次请求获取的数据 data 追加到 html 变量中
7.       req.on('data', (data:string) => {
8.           console.log('返回数据：\n' + data)              //这里返回的是缓存数据
9.           html += data
10.      })
11.      //'end'事件代表处理请求结束,此使用函数打印返回的最终结果
12.      req.on('end', () => {
13.          console.log('返回的最终数据是：\n' + html)
14.          console.log('(1) size: ' + html.length)
15.      })
16.      console.log('(2) size: ' + html.length)
17.      return html.length
18.  })
19.  console.log('(3) size: ' + size)
```

编译并解释运行，执行如下命令：

```
tsc test.ts
node test.js
```

运行结果如下：

```
(3) size: [object Object]
发送请求：http://localhost/test.html
(2) size: 0
返回数据：
<html>
    <head><title>测试 http</title></head>
    <body>Hello, TypeScript</body>
</html>

返回的最终数据是：
<html>
    <head><title>测试 http</title></head>
```

```
    <body> Hello, TypeScript </body>
</html>

(1) size: 97
```

观察输出执行的顺序,会发现:先执行 test.ts 中的第 19 行,然后执行第 5 行,再执行第 16 行,接着执行第 8 行,最后执行第 12~13 行。

执行顺序是否和预想的有出入?请判断并分析如下两个问题:

(1) 第 14 行、第 16 行、第 19 行都是获取网页大小,从输出结果上看哪一行是正确的?

(2) 分析造成非顺序执行的原因。

第 7 章

名称空间和模块

使用命名空间（namespace）和模块（module），可以更好地组织和管理较大规模的 TypeScript 项目，提高代码的可读性、可维护性和重用性。

代码的模块化是指将程序划分到多个模块文件中，每个模块文件负责完成特定的功能，并且可以独立地进行开发和测试。在编译时，这些模块文件会被重新组合在一起，形成一个单独的输出文件。

名称空间则是将相关的类、接口、函数和常量等资源分组，以避免命名冲突和重名的情况发生。名称空间可以嵌套使用，形成层级结构，进一步提高代码的可维护性。

模块和名称空间的一个重要区别是：模块是在编译阶段起作用，模块化的代码将被编译成可执行的 JavaScript 文件，而名称空间仅作为代码组织和命名隔离的一种机制，并不会被编译成独立的文件。

7.1 名称空间

视频讲解

名称空间用于解决变量、常量、函数、类型别名、类、接口等资源的重名冲突问题。将资源放在不同名称空间中，在发生重名冲突时，用完整名称"名称空间名.资源名"加以区分。

有了名称空间后，资源管理也会显得更有条理。如将相关功能资源定义在同一个名称空间内，使用时则可通过名称空间进行检索获取。

注意，在较早的版本中，TypeScript 使用 module 关键字来表示用于组织和封装代码的"内部模块"。而现在，TypeScript 使用 namespace 关键字取代了 module 关键字。另外，对于"外部模块"，现在更常用的简称是"模块"。这些模块通常是独立的文件，用于封装和导出特定的功能，因此更形象的称呼应该是"模块文件"，详见 7.2 节所述。

7.1.1 定义名称空间和导出资源

在 TypeScript 中，使用关键字 namespace 来定义名称空间，并用关键字 export 将名称空间内的变量、常量、函数、类型别名、类、接口等资源导出来,以便在名称空间外部使用这些资源。

名称空间的定义语法如下所示:

```
namespace 名称空间名
{
    export 资源         //资源包括:变量、常量、函数、类型别名、类、接口等
    ……
}
```

名称空间起名时,建议使用见名知意的写法。另外,名称空间的名称可以由多个单词构成,并且使用点号(.)来连接。这样的命名约定可更清晰地组织和表示不同层级的名称空间。如下所示:

```
Com.Abc.Common.Tools
```

外部可访问名称空间内用关键字 export 导出来的资源。访问的语法格式如下所示:

```
名称空间.资源名
```

【例 7-1】 用"名称空间.资源名"形式来访问名称空间内导出的资源

```
1.   namespace Abc.Tools {
2.       export let descp = 'A Company All Rights Reserved.'
3.       const PI = 3.14
4.       export function zipValidate(zip: string): boolean{
5.           return /^[0-9]{6}$/.test(zip)
6.       }
7.       export interface Drawable{
8.           draw(): void
9.       }
10.      export class Shape{ }
11.  }
12.  let descp = Abc.Tools.descp
13.  //let pi = Abc.Tools.PI              //资源 PI 没有用 export 关键字导出,访问报错
14.  let isZip = Abc.Tools.zipValidate('12345')
15.  console.log(descp)
16.  console.log(isZip);
17.  class Circle implements Abc.Tools.Drawable{
18.      draw(): void { console.log('draw a circle') }
19.  }
20.  let shape = new Abc.Tools.Shape()
```

第 1~11 行,分别将变量、常量、函数、接口和类定义在名称空间 Abc.Tools 中。除了第 3 行中的 PI 常量外,其他资源都用关键字 export 进行了导出。

第 12~20 行,分别通过"名称空间.资源名"的形式访问名称空间 Abc.Tools 中的变量、常量、函数、接口和类。

第 13 行,虽然在名称空间中声明了常量 PI(第 3 行),但由于没有使用 export 导出,会

导致在名称空间外部访问时报错：

```
Property 'PI' does not exist on type 'typeof Tools'.
```

注释掉第 13 行后再执行，结果为：

```
A Company All Rights Reserved.
false
```

7.1.2　名称空间嵌套

名称空间支持嵌套，可以将一个名称空间定义在另外一个名称空间之中。

【例 7-2】　名称空间嵌套

```
1.   namespace Com.Abc{
2.       export const descp = 'abc 公司出品'
3.       export namespace Commons.Tools { //注意 export
4.           export const descp = '通用型工具'
5.           export function zipValidate(zip: string): boolean{
6.               return zip.length == 6 && parseInt(zip).toString() === zip
7.           }
8.       }
9.   }
10.  let desp = Com.Abc.descp + Com.Abc.Commons.Tools.descp
11.  console.log(desp)
12.  let isZipCode = Com.Abc.Commons.Tools.zipValidate("123456")
13.  console.log(isZipCode)
```

第 1~9 行，定义了一个嵌套名称空间，其中第 1 行和第 3 行都有关键字 namespace。

名称空间也是一种资源。名称空间定义在其他名称空间内时，若要被外部访问，也需要用关键字 export 进行导出。因此，第 3 行的名称空间前需加上关键字 export，否则无法以 Com.Abc.Commons.Tools 形式进行访问。

第 10 行，Com.Abc.descp 访问的是外部名称空间内导出的变量 descp。Com.Abc.Commons.Tools.descp 访问的是嵌套名称空间内导出的变量 descp。

第 12 行，Com.Abc.Commons.Tools.zipValidate("123456") 访问的是嵌套名称空间内导出的函数 zipValidate()。

运行结果：

```
abc 公司出品通用型工具
true
```

7.1.3　跨文件访问名称空间内资源

如果访问的名称空间在不同的 TypeScript 文件中，则应先使用 import 从 ts 文件中导入名称空间，然后再访问名称空间中的资源。

import 语法格式如下所示：

```
import { 名称空间 } from "ts 文件路径"
```

其中"ts 文件路径"一般采用相对路径，且不带.ts 后缀，如：

```
import { Tools } from "./MyTools"
```

【例 7-3】 跨文件访问名称空间内导出资源

在 MyTools.ts 中定义名称空间 Tools，并用关键字 export 导出 Tools 以及命名空间内的资源 zipValidate()，如以下代码所示：

```
1.   /* MyTools.ts */
2.   export namespace Tools{
3.       export function zipValidate(zip:string):boolean{
4.           return /^[0-9]{6}$/.test(zip)
5.       }
6.   }
```

第 2～6 行，定义名称空间 Tools，在名称空间中定义了函数 zipValidate()。注意，第 2 行，需用关键字 export 对名称空间进行导出，否则外部文件无法访问该名称空间。第 3 行，用关键字 export 将函数 zipValidate() 从 Tools 名称空间内导出。

在另外一个文件 MyClient.ts 中，先用关键字 import 从 MyTools.ts 文件（注意，不要加.ts 后缀）中导入名称空间 Tools，然后就可以访问名称空间 Tools 内的资源 zipValidate() 了，代码如下所示：

```
1.   /* MyClient.ts */
2.   import { Tools } from "./MyTools"
3.   let isZip = Tools.zipValidate('201299')
4.   console.log(isZip)
```

第 2 行，用 import 从文件./MyTools.ts 中导入名称空间 Tools。至此，在下方代码中就可访问名称空间 Tools 了。

第 3 行，调用从名称空间 Tools 中导出的函数 zipValidate()。

执行结果为：

```
true
```

实际上，示例中使用的关键字 export、import，涉及 7.2 节中"模块"的概念。

视频讲解

7.2 模块

模块是程序中具有一定功能的组件，有着自己独立的逻辑代码和作用域。可以将变量、常量、函数、类型别名、类、接口等从模块中导出，交由其他模块使用；模块也可以通过导入其他模块导出的资源,供自己使用。

现在主流的模块规范有两种:CommonJs 模块规范和 ES 模块规范。

CommonJs 模块规范主要针对 Node.js 运行环境;ES 模块规范主要针对浏览器运行环境,ES 模块规范有多种版本,如 ES3、ES5、ES6、ES2015、ES2016、ES2017、ES2018、ES2019、ES2020、ES2021、ES2022 等。在项目环境文件 tsconfig.json 中,可通过改变 module 参数值切换编译时的 ES 模块规则。本节主要介绍 ES 模块,有关 CommonJS 模块的导入导出写法则在 7.2.7 节中做简要介绍。

文件中若包含 import 或 export 关键字,即为模块文件,简称模块。

定义在模块文件中的名称空间、变量、常量、函数、类型别名、类、接口等资源,在模块文件外部是不可见的,除非明确使用关键字 export 向外导出。被 export 导出的资源,在其他模块文件中需要通过关键字 import 导入后,方能访问。

7.2.1 普通脚本资源全局可见

.ts 文件中若没有 import 或 export 关键字,则该文件为普通脚本文件。普通脚本文件中的资源,如变量、常量、函数、类型别名、类、接口等,在程序中全局可见,既可以在同一文件中的任何位置直接访问,也可以在其他文件中直接访问。

【例 7-4】 没有用 import 或 export 声明的普通文件,文件中的资源对外默认全局可见

在项目目录下创建 a.ts 文件,定义一个 PI 常量,代码如下:

```
const PI = 3.14
```

在项目目录下创建 b.ts 文件,定义同名 PI 常量,则会产生资源重复声明的问题,如图 7-1 所示。

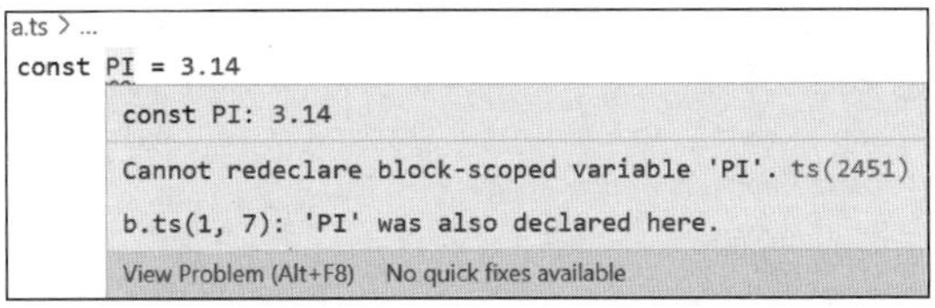

图 7-1 普通文件中的资源默认为全局可见,会造成资源重复声明问题

【例 7-5】 在浏览器环境中演示脚本文件中资源的全局可见特征

编写 UTools.ts 代码,定义包括变量、常量、函数、类等各种资源,如下所示:

```
1.    let radius = 2
2.    const PI = 3.14
3.    function min(a: number,b: number): number{
4.        return a < b ? a : b
5.    }
6.    class Circle {
7.        constructor(public radius:number){ }
8.    }
```

在控制台执行 tsc UTools.ts 命令，编译后生成的 UClient.js 文件，如下所示：

```
1.    var radius = 2;
2.    var PI = 3.14;
3.    function min(a, b) {
4.        return a < b ? a : b;
5.    }
6.    var Circle = /** @class */ (function () {
7.        function Circle(radius) {
8.            this.radius = radius;
9.        }
10.       return Circle;
11.   }());
```

创建 Test.html 文件，引入以上 UTools.js 文件，并编写 JavaScript 代码测试 UTools.js 内资源的可访问性。Test.html 的代码如下所示：

```
1.    <!DOCTYPE html>
2.    <html lang="en">
3.    <head>
4.        <meta charset="UTF-8">
5.        <title>Document</title>
6.        <script src="UTools.js"></script>
7.    </head>
8.    <body>
9.        <script>
10.           let area = PI * radius * radius;
11.           let m = min(3, 4);
12.           let c = new Circle(3);
13.           console.log(area, m, c);
14.           //let radius = 2
15.       </script>
16.   </body>
17.   </html>
```

第 6 行，在 html 中引入编译生成的 JavaScript 文件 UTools.js。

第 10~12 行，分别访问常量 PI、变量 radius、函数 min()，没有语法问题。这说明普通脚本中的资源确实是全局可见的。

第 12 行，创建类 Circle 的对象。类 Circle 来自普通脚本，也是全局可见，没有语法问题。

第 13 行，用函数 console.log() 输出 area、m 和 c 三个变量值。

用 Chrome 浏览器打开 Test.html 文件，按 F12 调出开发者工具，在控制台中查看运行结果，如图 7-2 所示。

从运行结果上看，普通脚本中的资源的确是全局可见的。

若取消 Test.html 中第 14 行的注释，则程序会报错。因为在 UTools.ts 中已经定义了全局变量 radius，此处定义同名变量，会导致语法出错。这同样说明普通脚本中的资源是全局可见的，如图 7-3 所示。

图 7-2　在浏览器的控制台中查看 Test.html 的运行结果

图 7-3　定义同名变量导致语法出错

7.2.2　模块导出默认资源

可使用 export default 命令，将模块中的单个资源设置为默认资源进行导出。注意，模块中的默认资源不允许存在多个，即一个模块文件中最多有一个默认资源。

模块导出默认资源的语法，如下所示：

```
exprot default 资源
```

其中，资源可以为单个变量、常量、函数、类等。

模块导入默认资源的语法，如下所示：

```
import 接收名 form 模块名
```

其中"接收名"可任意取名。

【例 7-6】　默认资源的导出和导入

编写 exports.ts 文件，指定导出默认资源，代码如下所示：

```
1.    export default function(){ console.log("hello") }
2.    export const PI = 3.14                    //可以导出其他资源
```

第 1 行，用 export default 指定匿名函数作为默认资源，并进行导出。根据实际情况，默认资源可以是非匿名函数、变量、常量、类、接口等。

第 2 行，导出 PI 资源。这说明在 .ts 文件中，除了默认资源外，还可同时导出其他资源。

编写 imports.ts 文件，使用 import 导入并访问 exports.ts 中导出的默认资源，代码如下所示：

```
1.    import myfunc from './exports'
2.    myfunc()
```

第1行，导入 exports.ts 模块文件中导出的默认资源，并以接收名 myfunc 来引用该默认资源。注意，myfunc 名称没有用花括号{}括起来，若使用花括号则代表引用的是普通资源而非默认资源。

第2行，以接收名 myfunc 调用导入的默认资源（匿名函数），没有语法问题。

执行结果为：

```
hello
```

7.2.3 模块导出多个资源

除了导出默认资源外，还可以同时导出模块中的其他资源。

【例7-7】 同时导出模块中的多个资源

编写 exports.ts 文件，将其内部多个资源进行导出，代码如下所示：

```
1.   export let pi = 3.14
2.   export function min(a: number, b: number): number{
3.       return a < b ? a : b
4.   }
5.   export class Circle{
6.       constructor(public radius: number){ }
7.       getArea(): number{
8.           return pi * this.radius * this.radius
9.       }
10.  }
```

第1行、第2行和第5行，分别导出模块 exports.ts 中的变量、函数和类。

编写 imports.ts 文件，使用 import 导入并访问 exports.ts 中的各项导出资源。

```
1.   import {pi,min,Circle} from './exports'
2.   console.log(pi)
3.   console.log(min(2,3))
4.   let c = new Circle(10)
5.   console.log(c.getArea())
```

第1行，从 exports.ts 模块文件中导入各项资源。注意，资源名称应该和导出模块中的资源名称一致，资源名称应该用花括号{}括起来，名称间用逗号分隔。

若导入模块中的所有资源，也可以使用"import * as 对象名 from 模块名"的方式，如以下代码所示：

```
import * as module from './exports'
```

第2~5行，分别测试导入的3种资源。

执行结果如下：

```
3.14
2
314
```

注意，为防止示例间相互干扰，建议在操作本示例前，先创建独立的目录，在目录中用 tsc --init 命令创建 tsconfig.json 文件，然后编写 .ts 文件，再用 tsc 命令编译目录中的所有 .ts 文件，最后用 node 命令执行 .js 文件。

7.2.4 同时导出默认资源和普通资源

模块可同时导出默认资源和普通资源，即模块文件中同时出现 export default 命令和 export 命令。其中，export default 最多一个，而 export 可以没有，也可以有多个。

【例 7-8】 同时导出默认资源和普通资源

编写 exports.ts 文件，指定导出一个默认资源和多个普通资源，代码如下所示：

```
1.    export default function hello(){ console.log("hello") }
2.    export const PI = 3.14
3.    export let radius = 1
```

第 1 行，用 export default 命令指定函数 hello() 作为默认资源并导出。

第 2～3 行，用 export 命令分别导出两个普通资源：常量 PI 和变量 radius。

编写 imports.ts 文件，使用 import 分别导入 exports.ts 中的默认资源和普通资源，并访问这些资源，代码如下所示：

```
1.    import myFunc from './exports'
2.    import {PI,radius} from './exports'
3.    myFunc()
4.    console.log(2 * PI * radius)
```

第 1 行，从模块文件 exports.ts 中导入默认资源 hello()，并用 myFunc 名称引用该资源。注意，myFunc 名称没有用花括号{}括起来，所以导入的是默认资源。

第 2 行，从模块文件 exports.ts 中导入普通资源 PI 和 radius。注意，资源名称必须与导出模块中的导出资源名称一致。另外，需要用花括号{}括起来才代表导入的是普通资源。

注意，实际上可用一个 import 命令同时导入默认资源和若干普通资源。第 1～2 行代码可合并成如下代码：

```
import myfunc,{PI, radius} from './exports'
```

第 3～4 行，分别调用默认资源函数和普通资源变量，都没有语法问题。

执行结果如下：

```
hello
6.28
```

7.2.5 导入变量的只读特征

使用 import 语句导入的原始类型变量(如 number、string、boolean 等)是只读的,类似于常量,是不允许重新赋值或修改的。但对于导入的对象、数组等引用类型变量,虽然其引用值(即引用地址)不可变,但其属性值是可以修改的。

【例 7-9】 导入变量是只读的,不允许修改

编写 out.ts 文件,分别导出原始类型变量和引用类型变量,代码如下所示:

```
1.    let pi: number = 3.14
2.    class Circle{
3.        constructor(public radius: number){
4.            this.radius = radius
5.        }
6.        getArea(): number{
7.            return pi * this.radius * this.radius
8.        }
9.    }
10.   let c0 = new Circle(1)
11.   export {pi, c0}
```

第 11 行,分别导出数值变量 pi 和 Cirle 类的变量 c0。

注意,和"import {资源 1,资源 2,…} from '模块'"导入资源写法相对应,"export {资源 1,资源 2,…}"写法可将多个资源一起导出。此外,若只有一个资源需要导出,可写成"export=资源"。如仅将 pi 导出,可写成"export=pi"。

编写 in.ts 文件,导入模块文件 out.ts 中导出的资源变量,并试图修改变量值,代码如下所示:

```
1.    import {pi, c0} from './out'
2.    console.log(pi);
3.    //pi = 3.1415    //修改报错 Cannot assign to 'pi' because it is an import.
4.    c0.radius = 10
5.    console.log(c0.getArea())
```

第 1 行,导入模块文件 out.ts 中导出的变量 pi 和 c0。注意,pi 为 number 类型,属于原始类型;c0 为 Circle 类型,属于引用类型。

第 3 行,试图修改 pi 的值,程序会报错。因为导入变量 pi 为原始类型,具有只读属性,是不允许进行修改的。

第 4 行,修改 c0 的属性,没有问题。因为变量 c0 是引用类型,虽然变量本身是只读的,不可修改,但允许修改其属性值。

执行结果为:

```
3.14
314
```

7.2.6 导出导入的其他语法

1. 资源换名

在导出和导入资源时,都可以进行换名,即当资源导出时,可以用 as 对资源进行换名。同样,当资源导入时,也可以用 as 对资源进行换名。

【例 7-10】 导出资源换名和导入资源换名

编写 exports.ts 文件,代码如下所示:

```
1.    function hello(){
2.        console.log("hello")
3.    }
4.    export {hello as hi}
```

第 4 行,将函数 hello 换名为 hi,并导出。

编写 imports.ts 文件,导入模块文件 exports.ts 中导出的资源 hi,代码如下所示:

```
1.    import {hi} from './exports'
2.    import {hi as sayHi} from './exports'
3.    hi()
4.    sayHi()
```

第 1 行,从 exports 模块导入 hi 资源。

第 2 行,从 exports 模块导入 hi 资源并将其换名为 sayHi。

第 3 行,调用 hi()函数,即调用模块文件 exports.ts 中的 hello()函数。

第 4 行,调用 sayHi()函数,也调用模块文件 exports.ts 中的 hello()函数。

执行结果为:

```
hello
hello
```

在导入多个模块文件资源时,若资源名发生了同名冲突,则可在导入时用 as 进行换名处理。

【例 7-11】 从多个模块导入资源时若发生同名冲突,可在导入时进行换名处理

编写 tool1.ts 文件,代码如下所示:

```
1.    export function hello() {
2.        console.log('tool1 hello')
3.    }
```

编写 tool2.ts 文件,代码如下所示:

```
1.    export function hello() {
2.        console.log('tool2 hello')
3.    }
```

注意，tool1.ts 和 tool2.ts 文件中都有导出同名函数 hello()。

编写 app.ts 文件，同时导入 tool1.ts 和 tool2.ts 文件中的同名资源 hello，会导致语法出错：Duplicate identifier（标识符重复），如图 7-4 所示。

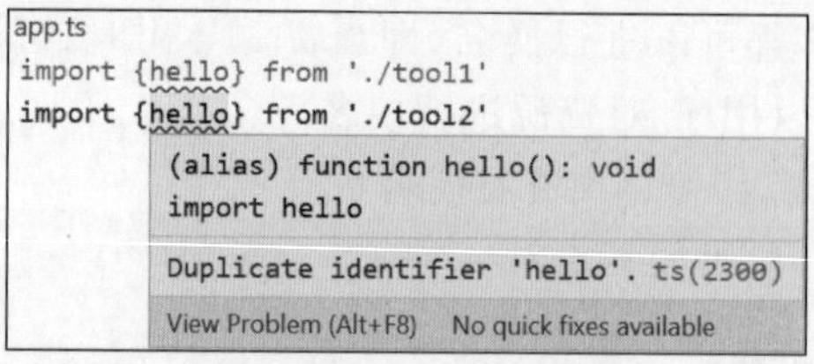

```
app.ts
import {hello} from './tool1'
import {hello} from './tool2'
           (alias) function hello(): void
           import hello
           Duplicate identifier 'hello'. ts(2300)
           View Problem (Alt+F8)  No quick fixes available
```

图 7-4　导入同名资源会导致语法出错

为此，可修改 app.ts 文件，如下所示：

```
1.    import {hello} from './tool1'
2.    import {hello as hi} from './tool2'
```

第 2 行，将从模块文件 tool2.ts 中导入的 hello 资源换名为 hi，解决了导入资源同名冲突问题。

2．导入所有资源

可使用"import * as 对象名 from 模块名"的方式，导入模块中的所有资源，并使用"对象名.资源"名的方式来访问导入的资源。

【例 7-12】 导入模块中的所有资源

编写 exports.ts 文件，将多个资源导出，代码如下所示：

```
1.    const pi = 3.14
2.    function min(a:number,b:number):number{
3.        return a < b?a:b
4.    }
5.    interface Shape{ }
6.    class Circle implements Shape{ }
7.    export {pi,min,Circle}
```

第 7 行，分别导出 3 种不同类型的普通资源。

编写 imports.ts 文件，导入模块 exports 中所有的导出资源，代码如下所示：

```
1.    import * as tool from './exports'
2.    console.log(tool.pi)
3.    console.log(tool)
```

第 1 行，导入模块文件 exports.ts 中所有的导出资源，并用 as 关键字将资源设置为 tool 对象的成员。

第 2 行，用"对象名.资源名"的方式调用模块文件 exports.ts 中的常量 pi。

第 3 行，输出 tool 内容，应该可以看到 exports.ts 模块文件中的所有导出资源。

执行结果如下：

```
3.14
{ pi: 3.14, min: [Function: min], Circle: [class Circle] }
```

从结果上看,"import *"的确可导入模块中的所有导出资源。

3. 用聚合模块统一导出其他模块中的资源

使用 export from 命令,可以将其他模块中的资源聚合起来进行统一导出。此时的模块被称为聚合模块。

【例 7-13】 使用聚合模块统一导出多个模块中的资源

编写模块文件 outA.ts,导出变量资源 e,代码如下所示:

```
1.    export let e = 2.718
```

编写模块文件 outB.ts,导出函数资源 min(),代码如下所示:

```
1.    export function min(a: number,b: number): number {
2.        return a < b ? a : b
3.    }
```

编写聚合模块 out.ts,将模块 outA.ts 和 outB.ts 导出的资源聚合起来,进行统一导出,代码如下所示:

```
1.    export * from './outA'
2.    export {min} from './outB'
```

编写模块文件 in.ts,导入聚合模块 out.ts 中的所有导出资源,对资源对象做输出测试,代码如下所示:

```
1.    import * as out from './out'
2.    console.log(out)
```

运行 node in.js,结果如下:

```
{ min: [Getter], e: [Getter] }
```

说明聚合模块起到了统一导出的作用。

注意,若运行 node in.js 时出现如下报错信息:

```
File 'in.js' is a JavaScript file.    Did you mean to enable the 'allowJs' option?
```

则修改目录中的 tsconfig.json 文件,设置如下参数:

```
"allowJs": true,
```

4. 动态导入模块

TypeScript 还支持使用 import()语句动态导入模块。

【例7-14】 使用import()语句动态导入模块

编写模块文件module.ts,导出变量,代码如下所示：

```
1.    export let pi = 3.14
2.    export let e = 2.718
```

编写模块文件call.ts,动态导入模块module(即module.ts文件),并调用模块中导出的资源变量,代码如下所示：

```
1.    import('./module')
2.    .then(
3.        (md) =>{
4.            console.log(md.e, md.pi);
5.        }
6.    )
```

第1行,用import('./module')动态导入模块文件module.ts。

第2行,当动态导入模块文件module.ts成功时,将执行then()内部的回调函数。

第3行,小括号中的变量md是回调的数据,代表模块文件对象本身,因此通过"变量名.资源名"的方式即可调用动态导入模块中的资源。例如,第4行中的md.e和md.pi代码,分别调用了模块文件module.ts导出的e和pi资源。

执行结果如下：

```
2.718 3.14
```

5. 用Promise.all()同时导入多个模块

可使用函数Promise.all([import('./module1'),import('./module2')…])动态导入多个模块。

【例7-15】 用Promise.all()同时动态导入多个模块

编写模块文件module1.ts,代码如下所示：

```
export let pi = 3.14
```

编写模块文件module2.ts,代码如下所示：

```
export let e = 2.718
```

编写文件call.ts,用Promise.all()同时动态导入module1和module2模块,代码如下所示：

```
1.    Promise.all(
2.        [import('./module1'), import('./module2')]
3.    ).then(
4.        ([module1, module2]) =>{
```

```
5.          console.log(module1.pi, module2.e);
6.      }
7.  )
```

第 1~3 行，Promise.all()将多个模块导入，只有当所有模块都导入成功后，才能执行 then()的回调函数。

第 4 行，小括号中的数组元素分别代表顺序导入的每个模块对象。

第 5 行，分别调用模块 module1 中的资源 pi 和模块 module2 中的资源 e。

执行结果如下：

```
3.14 2.718
```

7.2.7 CommonJS 规范下模块的导出和导入

在 CommonJS 规范中，模块的导出和导入语法与 ES 规范中的语法略有不同：使用 module.exports 或 exports 关键字导出，而不是使用 ES 模块中的 export 关键字。同时，使用 require 函数进行导入，而不是使用 ES 模块中的 import 关键字。

要使用 CommonJS 规范对模块进行导出和导入，需要先配置好环境，方法如下：

（1）运行命令 npm install @types/node。

（2）在项目目录下用 tsc --init 创建 tsconfig.json 文件。

（3）在 tsconfig.json 文件中添加选项："types": ["node"]，以保障 node.js 环境对模块代码的支持。注意，在实际开发中，types 选项是可选的，通常省略也没有问题，但为了确保更全面的类型支持，建议加上。

1. 使用 module.exports 或 exports 导出 CommonJS 模块资源

【例 7-16】 用 module.exports 导出模块的多个资源

编写模块文件 math.ts，导出模块中的多个资源，代码如下所示：

```
1.  function absolute(n: number){
2.      return n < 0 ? -n : n
3.  }
4.  module.exports = {
5.      e: 2.718,
6.      abs: absolute
01. }
```

第 1~3 行，定义求绝对值函数 absolute()。

第 4~7 行，用 module.exports 语法，分别导出变量 e 和函数 absolute()。其中，函数名 absolute 被改为 abs 后再导出。

【例 7-17】 用 exports 导出模块单个资源

编写模块文件 math2.ts，导出资源，代码如下所示：

```
1.  function max(a: number, b: number){
2.      return a > b ? a : b
```

```
3.     }
4.     exports.pi = 3.14
5.     exports.max = max
```

第1~3行,定义求最大值函数 max()。

第4~5行,两次使用 exports 语法,分别导出变量 pi 和函数 max()。

2. 使用 require 导入 CommonJS 模块导出的资源

【例 7-18】 使用 require 导入模块资源

编写文件 app.ts,导入并使用资源,代码如下所示:

```
1.  let mathA = require('./math')
2.  let mathB = require('./math2')
3.  console.log(mathA.e, mathB.pi)
4.  console.log(mathA.abs(-1))
5.  console.log(mathB.max(1,2))
```

第1行,使用 require 语法,对例 7-16 中用 module.exports 语法导出的资源进行导入。

第2行,使用 require 语法,对例 7-17 中用 exports 语法导出的资源进行导入。

第3行,分别访问 module.exports 导出的变量 e 和 exports 导出的变量 pi。

第4行,调用 module.exports 导出函数 abs(),实际上调用了模块文件 math.ts 中定义的函数 absolute()。

第5行,调用 exports 导出的函数 max(),实际上调用了模块文件 math2.ts 中定义的函数 max()。

编译3个.ts 文件后,解释执行 app.js,代码如下所示:

```
PS C:\ts\demo> tsc
PS C:\ts\demo> node app.js
```

执行结果为:

```
2.718 3.14
1
2
```

7.3 实战闯关——名称空间和模块

模块即模块文件,开发时可将功能代码分块放入不同的模块文件。名称空间是将变量、常量、函数、类、接口等资源进行逻辑上的分组。模块和命名空间在 TypeScript 的实际项目中通常一起使用。

【实战 7-1】 创建模块文件 a.ts

(1) 内含名称空间 Shapes。

(2) 在名称空间 Shapes 中有两个资源:常量 PI,其值为 Math.PI;类 Circle,内有属性

radius(半径)、构造函数,以及获取面积的函数 getArea()。

(3) 类 Circle 需要在名称空间外甚至模块外进行调用,因此请导出资源 Circle。

(4) 用代码 new Shapes.Circle(10)测试名称空间中的 Cirlce 类是否可用。

【实战 7-2】 创建模块文件 b.ts

(1) 内含名称空间 Shapes,注意,它与实战 7-1 中的模块文件 a.ts 中的名称空间同名。

(2) 在名称空间 Shapes 中增加 1 个资源:类 Square,内有属性 length(边长)、构造函数,以及获取面积的函数 getArea()。

(3) 类 Square 需要在名称空间外甚至模块外进行调用,因此请导出资源 Square。

(4) 用代码 new Shapes.Square(10)测试名称空间中的 Square 类是否可用。

【实战 7-3】 创建模块文件 c.ts

(1) 导入模块 a.ts 和 b.ts 中的名称空间,注意,需要时请使用别名。

(2) 用代码分别测试资源 Cirlce 和 Square 的可用性。

第 8 章

类型声明文件

视频讲解

在 TypeScript 项目开发中,若引用第三方 JavaScript 库时,需要一个后缀为 .d.ts 的类型声明文件(type declaration file)。类型声明文件是用来为 JavaScript 代码提供类型标注的,包含对变量、函数、类、接口等资源的声明,并为它们添加类型注解。

通过引入 JavaScript 库的类型声明文件,在 TypeScript 项目开发环境下,可以获得该 JavaScript 库的良好集成,包括自动完成、类型检查与推断、错误提示等。否则在默认配置的情况下,开发工具或编译器可能会提示"JavaScript 文件缺少类型"的错误。

.ts 文件与 .d.ts 文件的区别为:.ts 文件主要编写 TypeScript 代码,同时也可以包含类型信息,这些内容最后需要编译为 .js 文件。而 .d.ts 文件为 TypeScript 开发时提供类型信息之用,只包含类型信息,最后不需要也不会生成 .js 文件。

8.1 获取类型声明文件

TypeScript 已为标准化内置 API 提供了类型声明文件,而常用的第三方 JavaScript 库的类型声明文件则通常由第三方开发者提供。

8.1.1 获取内置 API 的类型声明文件

TypeScript 为标准化内置 API 提供了类型声明文件,因此在 VSCode 环境中,使用 Ctrl 键(Mac 操作系统上是 Cmd 键)加鼠标单击的方式快速导航到内置 API 的类型声明文件,从而查看对应类型的说明代码。比如,代码 let set = new Set([1,2,3]),按下 Ctrl 键的同时用鼠标单击 Set 名称,将跳转至 lib.es2015.collection.d.ts 类型声明文件,并显示泛型接口 Set 的类型声明,如图 8-1 所示。

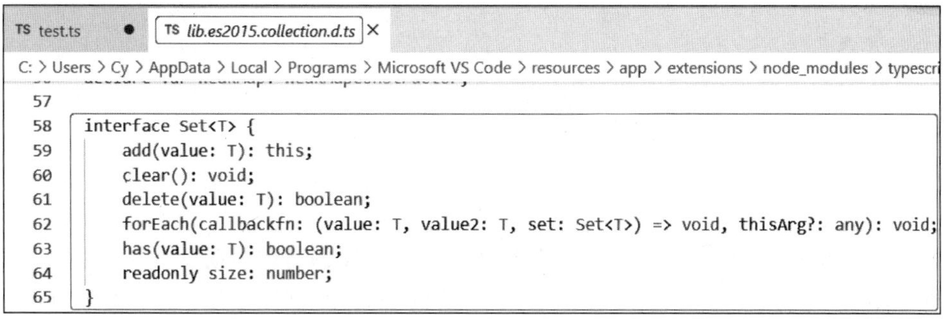

```
TS test.ts    ●    TS lib.es2015.collection.d.ts    ×

C: > Users > Cy > AppData > Local > Programs > Microsoft VS Code > resources > app > extensions > node_modules > typescri
57
58    interface Set<T> {
59        add(value: T): this;
60        clear(): void;
61        delete(value: T): boolean;
62        forEach(callbackfn: (value: T, value2: T, set: Set<T>) => void, thisArg?: any): void;
63        has(value: T): boolean;
64        readonly size: number;
65    }
```

图 8-1　用 Ctrl 键加鼠标单击进入类型声明文件

8.1.2　获取常用第三方 JavaScript 库的类型声明文件

目前，几乎所有常用的第三方 JavaScript 库都有相应的类型声明文件。这意味着可以在 TypeScript 中集成 JavaScript 库，调用该 JavaScript 库的 API。

有三种方式获得类型声明文件：第一种是直接获取 JavaScript 库自带的类型声明文件；第二种是通过安装命令"npm install @types/库名"获取 Github 公共库中的类型声明文件；第三种是当不存在类型声明文件时，自定义类型声明文件。

1. 直接获取 JavaScript 库自带的类型声明文件

有些 JavaScript 库自带了.d.ts 文件，比如 axios 库，正常导入后，在其目录中可发现类型声明文件 index.d.ts。

【例 8-1】 安装、导入和使用 axios 库

（1）用 npm 命令安装 axios。

在 VSCode 终端中，用 cd 命令进入 TypeScript 项目目录，输入安装 axios 命令：

```
npm install axios
```

安装成功后，在项目目录下的 package.json 文件中会多出 axios 依赖项，如下所示：

```
{
  "dependencies": {
    "axios": "^1.2.2"
  }
}
```

（2）在 TypeScript 项目文件中导入 axios。

创建 test.ts 文件，编写代码导入 axios 资源，代码如下所示：

```
import axios from 'axios'
```

通过 Ctrl 键加鼠标单击 axios，将跳转至 axios 自带的类型声明文件 index.d.ts，内部有声明 axios 实例和将 axios 导出为默认资源等代码，如图 8-2 所示。

至此，axios 已被成功集成到 TypeScript 项目中。

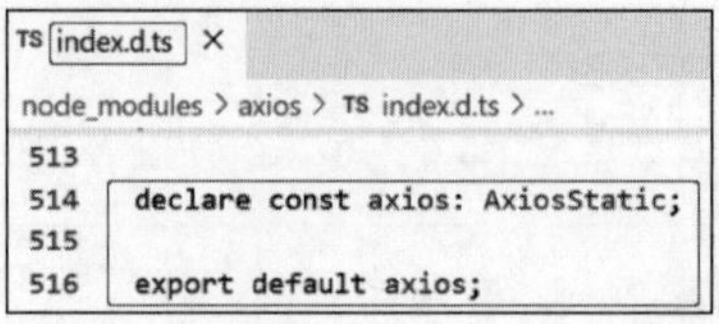

图 8-2　通过 Ctrl 加鼠标单击进入 axios 类型声明文件

2. 使用"npm @types/库名"命令，获取 JavaScript 库的类型声明文件

在 Github 上存在一个名为 DefinitelyTyped 的公共库，该库发布了众多主流 JavaScript 库的类型声明文件。进入该公共库的类型声明文件查询页，可以查询相应 JavaScript 库的类型声明文件。倘若存在"库名.d.ts"文件，开发者只需执行相应的安装命令"npm install @types/库名"，就可以安装所需 JavaScript 库的类型声明文件。

【例 8-2】　安装和使用 JQuery 库的类型声明文件

（1）安装 JQuery 的类型声明包。

在 VSCode 终端，用 cd 命令进入 TypeScript 项目目录，输入如下命令：

```
npm install jquery
npm install @types/jquery
```

第 1 行命令会安装 JQuery 包。

第 2 行命令则会安装 JQuery 的类型声明文件。执行成功后，在项目目录下的 node_modules/@types/jquery 目录中可找到 index.d.ts 文件，该文件就是 JQuery 的类型声明文件。

（2）引入 JQuery 类型声明文件。

创建 test.ts 文件，导入 JQuery 代码，代码如下所示：

```
1.    /// <reference path = "node_modules/@types/jquery/index.d.ts" />
2.    $(function () {
3.        $('#say').html('Welcome TS + JQuery')
4.    })
```

第 1 行，使用三斜线指令/// < reference path＝"…" />引入 JQuery 的类型声明文件 index.d.ts。注意，三斜线指令必须放置在文件最顶端，否则会被当作普通的单行注释。

将鼠标移至第 2 行＄字符上，会显示变量＄在 index.d.ts 文件中的声明，如图 8-3 所示。

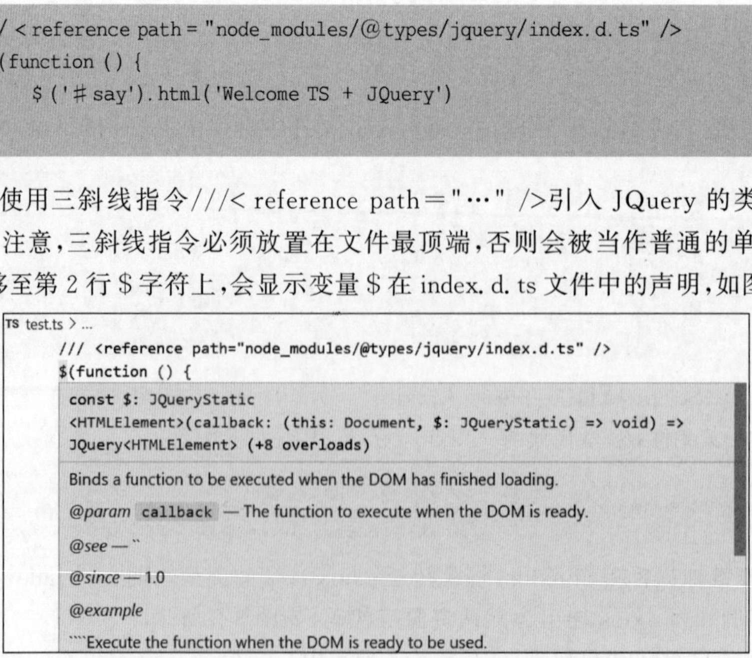

图 8-3　将鼠标移至＄字符上，显示变量＄的定义

由此可见,通过引用类型声明文件,JQuery 已被成功集成到 TypeScript 项目中。

8.2 定义类型声明文件

实际上,在 TypeScript 中直接调用 JavaScript 文件的内容是可行的。只需在 tsconfig.json 文件中启用 allowJs 选项,就可以为 JavaScript 文件提供支持。然而,一种更加优雅的方式是编写自己的类型声明文件,为已有的 JavaScript 文件提供类型声明,这将为 TypeScript 项目开发者提供更好的开发体验。

8.2.1 对 JavaScript 文件的直接支持

在使用 tsc 命令进行编译时,在默认情况下,JavaScript 文件无法被"辨识",当然也就不会被当作可调用的模块。为了在 .ts 文件中直接调用 .js 文件的内容,需要在 tsconfig.json 文件中将 "allowJs" 设置为 true。

【例 8-3】 在 .ts 文件中调用 .js 文件导出的类型

具体步骤如下:

(1) 配置 tsconfig.json 文件。

启用 "allowJs": true 设置,以便 TypeScript 能"辨识" .js 文件代码;同时设置 "module": "commonjs",用于支持 CommonJS 模块规则,代码如下所示:

```
"allowJs": true,
"module": "commonjs",
```

(2) 编写 JavaScript 模块文件 my.js,导出函数 max()。

代码如下所示:

```
1.    function max(x, y){
2.        return x > y ? x : y
3.    }
4.    // export {max}              // ES 模块语法
5.    module.exports = {max}       // CommonJS 模块语法
```

第 1~3 行,定义 JavaScript 函数 max()。

第 5 行,使用 CommonJS 导出语法导出函数 max()。

(3) 编写文件 demo.ts,调用 my.js 文件导出的函数 max()。

代码如下所示:

```
1.    import { max } from "./my"  //需先启用 "allowJs": true
2.    let m = max(1,2)
3.    console.log(m)
```

第 1 行,导入 my.js 导出的函数 max()。注意,导入时后缀 .js 不要加。

第 2~3 行,测试函数 max(),并输出执行结果。

(4) 编译 demo.ts 后,运行结果文件 demo.js。

编译 demo.ts 文件后,解释执行 demo.js,代码如下所示:

```
PS C:\ts\test> tsc demo.ts
PS C:\ts\test> node demo.js
```

执行结果为:

```
2
```

8.2.2 为.js 文件编写类型声明文件

可以编写类型声明文件来为.js 文件提供类型声明。实际上,在 TypeScript 中导入.js 文件时,TypeScript 会自动尝试加载同名的.d.ts 文件作为对应的类型声明文件。

在类型声明文件中,用关键字 declare 声明.js 中的类型。

【例 8-4】 为.js 文件编写类型声明文件

具体步骤如下:

(1) 编写文件 tools.js,定义变量、对象、函数、类等资源,并做导出处理。

代码如下所示:

```
1.    let x = 0                                      //变量
2.    let point = {x: 0, y: 0}                       //对象
3.    function max(x, y) {                           //函数
4.        return x > y ? x : y
5.    }
6.    class Circle{                                  //类
7.        radius = 0
8.        point = {x: 0, y: 0}
9.        area = function(){
10.           return 3.14 * this.radius * this.radius
11.       }
12.   }
13.   module.exports = {x, point, max, Circle}       //导出4种资源
```

第 1~12 行,分别定义变量 x、对象 point、函数 max()和类 Circle。

第 13 行,针对 Node.js 运行环境,用 CommonJS 规范语法导出 4 种资源。

(2) 编写 tools.js 的类型声明文件 tools.d.ts。

注意,类型声明文件的扩展名为.d.ts,其名称应与 JavaScript 源文件名称相同。

代码如下所示:

```
1.    declare var x: number
2.    interface Point {                              //也可以用 type
3.        x: number,
4.        y: number
5.    }
```

```
6.    declare let point: Point
7.    declare function max(x: number,y: number): number
8.    declare class Circle{
9.        radius: number
10.       point: Point
11.       area:() => number
12.   }
13.   export{ x, Point, max, Circle } //declare 后,还需 export
```

第 1 行,针对.js 文件中导出的变量 x,用 declare 关键字进行声明。

第 2~6 行,针对.js 文件中导出的对象 point,先定义相应的接口 Point,然后再用关键字 declare 声明接口 Point 的变量 point。

第 7 行,针对.js 文件导出的函数 max(),用关键字 declare 进行声明。

第 8 行~12 行,针对.js 文件导出的类 Circle,用关键字 declare 进行声明。

第 13 行,用 export 将 4 个声明的资源导出。注意,此处.d.ts 文件中的导出显然是给.ts 文件导入做准备的。

(3) 编写文件 demo.ts,调用类型声明文件 tools.d.ts 导出的资源。

代码如下所示:

```
1.   import {x, Point, max, Circle} from './tools'     //导入 tools.d.ts 导出的资源
2.   console.log(x)                                    //测试变量 x 是否可调用
3.   let point0:Point = {x: 0,y: 0}                    //测试 Point 类型是否可使用
4.   console.log(point0)
5.   let maxVal = max(1,2)                             //测试 max()函数是否可使用
6.   console.log(maxVal)
7.   let c = new Circle()                              //测试 Circle 类是否可使用
8.   c.radius = 100
9.   c.point = point0
10.  console.log(c.area())                             //调用 Circle 类中的函数
```

第 1 行,针对类型声明文件 tools.d.ts 导出的资源,用关键字 import 进行导入。

第 2~10 行,使用 TypeScript 代码,对 4 种导入资源逐一进行测试。

(4) 编译 demo.ts 后,运行结果文件 demo.js。

编译 demo.ts 文件后,解释执行 demo.js,代码如下所示:

```
PS C:\ts\test > tsc demo.ts
PS C:\ts\test > node demo.js
```

执行结果为:

```
0
{ x: 0, y: 0 }
2
31400
```

8.3 实战闯关——类型声明文件

JavaScript 代码中的资源,可用类型声明文件.d.ts 声明并导出,然后就可以在 TypeScript 中进行调用了。有三种方式获得类型声明文件:第一种是直接获取 JavaScript 库自带的类型声明文件;第二种是通过安装命令"npm install @types/库名"获取 GitHub 公共库 DefinitelyTyped 中的类型声明文件;第三种是当第三方 JavaScript 库不存在类型声明文件时,可以创建一个类型声明文件。

【实战 8-1】 为已有 JavaScript 文件创建类型声明文件

假设有 JavaScript 文件 math.js,代码如下所示:

```
1.    PI = 3.14
2.    function max(a, b) {
3.        return a > b ? a : b
4.    }
5.    class Circle {
6.        radius = 0
7.        position = {x: 0, y: 0}
8.        getArea = function(){
9.            return PI * this.radius * this.radius
10.       }
11.   }
```

实践要求如下:

(1) 编辑文件 math.js,将常量 PI、函数 max()和类 Cricle 导出。

提示:使用 module.exports={资源}语法导出资源。

(2) 编写文件 math.js 的类型声明文件 math.d.ts,声明并导出相关资源。

提示:先用 declare 语法声明 PI、max()和 Cricle,再用 export 语法导出。

(3) 编写文件 app.ts,导入 math.d.ts 导出的资源。

(4) 在文件 app.ts 中利用导出的函数 max(),求变量 x 和 y 的最大值。

提示:作为测试,可简单地设置 x=4,y=5。

(5) 在文件 app.ts 中创建 Circle 对象,设置 Circle 对象的半径为 10,并求其面积。

【实战 8-2】 D3.js 库的安装和使用

D3.js 是 JavaScript 图表开发库,具体用法可参考 D3.js 官方网站上的相关文档。这里主要练习 D3.js 库和类型声明包的安装过程,并测试在 TypeScript 项目环境中,D3.js 的 API 是否可用。

关于操作步骤的提示如下:

(1) 安装 D3.js 和相应的类型声明包。

```
npm install d3
npm install @types/d3
```

(2) 编写 index.ts 文件。

先用三斜线指令引入 D3.js 类型声明文件,代码如下所示:

```
/// <reference path = "./node_modules/@types/d3/index.d.ts" />
```

然后测试 D3.js 的 API。如修改 p 标签的字体大小，增加一个实体圆，代码如下所示：

```
d3.selectAll('p').style('font-size','36px')
let svg = d3.select("#circle").append("svg").attr("width",200).attr("height",200)
svg.append("circle").attr("cx","100px").attr("cy","100px").attr("r","100px").attr("fill","gray")
```

注意，若用 tsc 命令编译 index.ts 时出现如下错误：

```
Cannot find name 'Iterable'.
```

则是因为 Iterable 结构在 Node.js 的类型声明文件中声明，对此需先安装@types/node，执行命令如下：

```
npm install @types/node
```

（3）编写 index.html 测试 D3.js 是否可用。

第一步，引入 D3.js 库：

```
<script src = "https://D3.js.org/d3.v7.min.js"></script>
```

第二步，添加一对<p>标签：

```
TypeScript
<p>D3.js</p>
```

第三步，引入 index.ts 编辑后的 JavaScript 脚本文件：

```
<script src = "index.js"></script>
```

第四步，打开浏览器访问 index.html，测试 D3.js 库是否可用，若可用则会出现如图 8-4 所示效果。

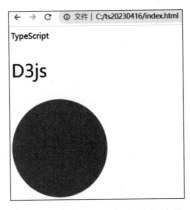

图 8-4　测试 D3.js 库 API 的效果

第三部分

实战案例篇

第 9 章

使用Puppeteer框架爬取图书信息

视频讲解

网络爬虫(web crawler)简称爬虫,又被称作网络机器人、网页蜘蛛,是一种自动化程序或脚本,用于浏览互联网上的网页,并抓取、提取或下载有价值的数据。为了实现网络爬虫功能,通常会使用一些爬虫框架,这些框架提供了一系列工具和功能,开发者可以避免从头开始编写所有爬虫功能,节省时间和精力。

常见的爬虫框架包括 Scrapy、BeautifulSoup、Puppeteer 等。对于 TypeScript 语言,建议使用谷歌公司发布的 Puppeteer 框架。Puppeteer 框架是一个基于 Node.js 的框架,用于控制 Headless Chrome 浏览器(即没有界面的 Chrome 浏览器)。开发者通过 Puppeteer 框架 API,编写少量的代码来模拟用户操作,可绕过许多常见的反爬虫手段,快速实现定制的爬虫需求。

9.1 案例分析

本案例将在 Node.js 平台上,用 TypeScript 语言调用 Puppeteer 框架 API,爬取清华大学出版社网站"新书推荐"首页中的图书信息。然后,调用 Node.js 内置模块 fs,将爬取信息保存到本地 JSON 格式的文件中。

9.1.1 需求分析

清华大学出版社网站的"新书推荐"页面,如图 9-1 所示。

现在的需求是:希望使用 TypeScript 语言,结合相关爬取技术,自动爬取清华大学出版社网站"新书推荐"首页列表中的图书信息,并将这些信息存放到 Json 格式的文件中。

注意"新书推荐"首页有"零售"和"教材"两类图书,两个列表中共计有 30 本书,都需要爬取。

图 9-1 清华大学出版社网站的"新书推荐"页面

9.1.2 技术分析

对于图书信息的自动爬取,可采用 Node.js 爬虫框架 Puppeteer 进行设计实现。Puppeteer 框架模拟用户在浏览器中的操作行为,可打破各类"反爬虫"技术的掣肘。此外,Puppeteer 框架的 API 简单易用,可轻松实现网络爬虫功能。

至于对爬取信息的保存,则可以使用 Node.js 的内置模块 fs 进行处理。fs 模块是 Node.js 官方提供的用来操作文件的模块,它提供的函数 fs.writeFile(),可将内容写入指定文件。

对于图书封面图片的保存,则可以使用 Node.js 提供的 http(或 https)模块。利用 http 模块函数 http.get(url,callback)来获取 URL 指定的图片的二进制数据,然后结合 fs 模块的函数 fs.writeFile()将这些数据保存到文件中。

9.2 开发环境安装和配置

先确保已安装 Node.js 环境,具体的安装过程可参考 1.2.1 节内容。

注意,本案例开发使用的 Node.js 版本为 16.15.1,npm 版本为 8.11.0。

(1) 创建项目目录。

创建项目目录 crawlBooks,执行如下命令:

```
mkdir crawlBooks
```

(2) 项目初始化。

进入 crawlBooks 目录,执行如下命令:

```
cd crawlBooks
```

生成 package.json 文件,执行如下命令:

```
npm init -y
```

注意,参数-y 表示无须用户交互,自动接受 npm init 命令提供的默认值。

以上操作会在当前目录中生成 Node.js 项目的配置文件 package.json,代码如下所示:

```
{
  "name": "crawlbooks",
  "version": "1.0.0",
  "main": "index.js",
  "scripts": {
    "test": "echo \"Error: no test specified\" && exit 1"
  },
  "author": "",
  "license": "ISC",
```

```
  "keywords": [],
  "description": ""
}
```

package.json 文件中含有项目名称、版本、入口文件和脚本命令配置项等信息。

(3) 安装 TypeScript。

在 crawlBooks 目录下,安装 TypeScript 模块,代码如下所示:

```
npm install typescript
```

安装 TypeScript 模块后,会在 package.json 文件的 dependencies 节点中添加 TypeScript 依赖,代码如下所示:

```
"dependencies": {
  "typescript": "^4.9.3"
}
```

这样,crawlBooks 项目就可以使用 TypeScript 语言进行开发了。

注意,若执行 npm install 命令的速度太慢,建议先设置国内镜像,执行命令如下:

```
npm config set registry http://registry.npm.taobao.org
```

(4) 初始化 TypeScript 编译环境。

生成 TypeScript 编译器的配置文件 tsconfig.json,执行命令如下:

```
tsc --init
```

TypeScript 编译器会根据 tsconfig.json 中的配置规则对 .ts 文件进行编译,生成相应的 .js 文件。

(5) 安装 Puppeteer 模块。

安装 Puppeteer 模块,执行命令如下:

```
npm install puppeteer
```

安装 Puppeteer 模块时会默认下载 Chromium 浏览器(Headless Chrome)文件,该文件较大,容易下载失败。若在执行过程中出现如下报错信息:

```
npm ERR! code 1
npm ERR! path C:\crawlBooks\node_modules\puppeteer
npm ERR! command failed
npm ERR! command C:\Windows\system32\cmd.exe /d /s /c node install.js
npm ERR! ERROR: Failed to set up Chromium r1056772! Set "PUPPETEER_SKIP_DOWNLOAD" env variable to skip download.
```

则建议先更换国内的下载源,再安装 Puppeteer,执行命令如下:

```
set puppeteer_download_host = https://npmmirror.com/mirrors
npm install puppeteer
```

Puppeteer 的安装过程较费时,需耐心等待,直至出现类似下面的信息:

```
added 76 packages in 3m
```

倘若安装 Puppeteer 时依然有 Chromium 的下载问题,则可以尝试安装 puppeteer-core。运行如下命令:

```
npm install puppeteer-core
```

安装 puppeteer-core,并不会自动下载 Chromium。因此,当编写爬虫代码启动 Puppeteer 浏览器时,需要用 executablePath 参数指定 Chrome 浏览器的路径,代码如下所示:

```
const browser = await puppeteer.launch(
    {executablePath:'C:/Program Files/Google/Chrome/Application/chrome.exe'}
)
```

(6) 安装 @types/puppeteer。

执行命令如下:

```
npm install @types/puppeteer
```

会在项目的 node_modules/@types 目录中生成 Puppeteer 模块的类型声明文件。这样,TypeScript 语言就可通过类型声明来调用 Puppeteer 模块中的 API 了。

以上内容安装完成后,package.json 中会出现 Puppeteer 模块的相应依赖,如下所示:

```
"dependencies": {
    "@types/puppeteer": "^7.0.4",
    "puppeteer": "^19.3.0",
    "typescript": "^4.9.3"
}
```

至此,可以使用 TypeScript 语言开发 Puppeteer 爬虫应用了。

9.3 功能实现

本案例实现的主要功能为:抓取清华大学出版社网站的"新书推荐"首页列表中的图书信息,并逐一存入 JSON 格式的文件中。另外,还需将图书的封面图片以文件形式保存起来。

9.3.1 分析

在 Chrome 浏览器中打开清华大学出版社网站的"新书推荐"页面,右击,选择"检查",

查看某图书相关的源代码，如图 9-2 所示。

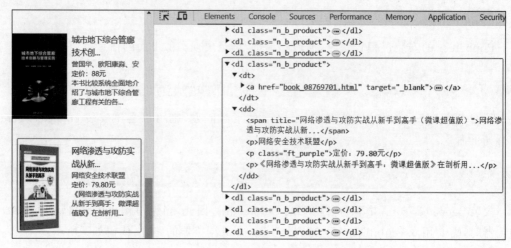

图 9-2　查看"新书推荐"页面上某图书相关的源代码

显然，可通过选择器".n_b_product td a"定位，将图书的"详情页 URL"信息逐一抓取。

单击某图书的封面图片，进入图书详情页，可进一步抓取更多图书信息。右击，选择"检查"，查看详情页的源代码，如图 9-3 所示。

图 9-3　查看图书详情页和对应的源代码

对于图书详情页信息的抓取，分析如下：

查看图 9-4 所示的元素源代码，可通过选择器".b_l_top > .on > img"定位，抓取相应的封面图片；可通过选择器".b_r_tit[title]"定位，抓取相应的书名。

查看图 9-5 所示的元素源代码，可通过选择器".ft_b_r_c"定位后，分别抓取到"作者"

"定价""ISBN 号""出版日期"等相应书籍信息。

图 9-4　封面图片和图书名称元素的源代码

图 9-5　作者、定价、ISBN、出版日期等元素的源代码

查看图 9-6 所示的源代码,可通过选择器".c_i_list_on＞p"定位,抓取图书"内容简介"信息。

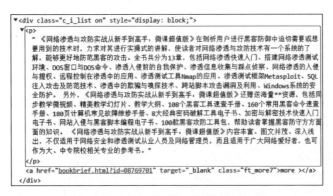

图 9-6　图书"内容简介"元素的源代码

9.3.2 实现

在项目目录中创建子目录 covers，用于存放下载的封面图片文件。

在项目目录中创建文件 crawlBookChart.ts，编写如下代码：

```typescript
1.  import * as puppeteer from 'puppeteer-core' //'puppeteer' // 引入 Puppeteer 库-网页爬虫
2.  import fs from "fs"                         // 引入 fs 库,保存爬取信息到文件
3.  import path from "path"                    // 引入 path 库,处理文件路径
4.  import http from 'http'                    // 引入 http 库,访问封面图片
5.  /爬虫访问页
6.  const CRAWL_URL = 'http://www.tup.tsinghua.edu.cn/booksCenter/new_book_recommend.html'
7.  const COVER_IMG_URL = "covers/"            //存放封面图片的路径
8.  interface BookItem { //图书结构:书名、封面、作者、定价、ISBN、出版日期、内容简介
9.      title: string | undefined              //书名
10.     coverImgUrl : string | null            //封面图片的 URL
11.     localCoverUrl : string                 //封面图片的本地存放路径
12.     author : string | undefined            //作者
13.     price : number | undefined             //定价
14.     isbn : string | undefined              //ISBN
15.     pubDate : string | undefined           //出版日期
16.     summary : string | undefined           //内容简介
17. }
18. let books = new Array<BookItem>();         //图书数据以数组形式存放
19.
20. (async () => {                             //主体逻辑
21.     const browser = await puppeteer.launch(  //启动一个 Puppeteer 浏览器环境
22.         {executablePath:'C:/Program Files/Google/Chrome/Application/chrome.exe'}
23.     )
24.     const page = await browser.newPage()//打开浏览器页,用以下载"新书推荐"列表
25.     await page.goto(CRAWL_URL)             //在浏览器页面中打开"新书推荐"页
26.     //抓取新书推荐页图列表中的图书信息
27.     await page.waitForSelector("#books_ls")  // 等待新书推荐列表加载完成
28.     const bookUrls = await page.$$eval(".n_b_product a", (els) => els.map((el) => [el.href]))
29.     //打开一个 Puppeteer 浏览器页,逐一查看图书详情信息
30.     const pageDetail = await browser.newPage()
31.     //定义接收书籍的各字段
32.     let title: string | undefined,         //书名
33.         coverImgUrl : string | null,       //封面 URL
34.         localCoverUrl : string,            //封面图片的本地存放路径
35.         author : string | undefined,       //作者
36.         price : number | undefined,        //定价
37.         isbn : string | undefined,         //ISBN
38.         pubDate : string | undefined,      //出版日期
39.         summary : string | undefined,      //内容简介
40.     let contentTmp:string | undefined,    //for 中使用的一些临时变量
41.         begin:number | undefined, end:number | undefined
42.     for (let index in bookUrls){
```

```
43.        await page.goto(bookUrls[index][0]) //在浏览器页中打开某图书详情页 URL
44.        await page.waitForSelector(".book_main, .b_m_h1") //先加载完图书详情再抓信息
45.        //封面图片信息的抓取和保存：
46.        coverImgUrl = await page.$eval(".on > img", el => el.src )
47.        localCoverUrl = coverImgUrl.substring(coverImgUrl.lastIndexOf("/") + 1)
48.        http.get(coverImgUrl, Response =>{            //保存封面图片
49.             Response.pipe(fs.createWriteStream(COVER_IMG_URL + localCoverUrl))
50.        })
51.        //抓取：书名、作者、定价、ISBN、出版日期、内容简介
52.        title = await page.$eval(".b_r_tit[title]", el => el.textContent?.trim())
53.        author = await page.$eval(".ft_b_r_c > em",
54.             el => el.textContent?.trim().replace("作者：",""))
55.        price = parseInt( "" + await page.$eval(".ft_b_r_c > span", el => el.textContent )
56.             .catch(err =>{return "-1"}))
57.        contentTmp = await page.$eval(".ft_b_r_c", el => el.textContent?.trim())
58.        begin = contentTmp?.indexOf("ISBN: ")
59.        end = contentTmp?.indexOf("出版日期")
60.        isbn = contentTmp?.substring((begin||0) + "ISBN: ".length, end).trim()
61.        begin = contentTmp?.indexOf("出版日期: ")
62.        end = contentTmp?.indexOf("印刷日期")
63.        pubDate = contentTmp?.substring((begin||0) + "出版日期: ".length ,end).trim()
64.        summary = await page.$eval(".c_i_list.on > p", el => el.textContent?.trim())
65.        //图书对象加入数组
66.        books.push(
67.             { title:title, coverImgUrl:coverImgUrl,
68.                localCoverUrl:localCoverUrl,author:author,price:price,isbn:isbn,
69.                pubDate:pubDate,summary:summary })
70.        }
71.        //图书对象数组写入文件
72.        const filePath = path.resolve('./Books.json')
73.        fs.writeFileSync(filePath , JSON.stringify(books)) //以 JSON 格式序列化保存
74.        await browser.close() //最后关闭 puppeteer 浏览器
75.   })()
```

第 1~4 行，引入 4 个库：puppeteer-core 库用于爬取的网页信息；fs 库用于将爬取的信息保存到文件中；path 库用于设置文件路径；http 库用于获取封面图片 URL 数据。

注意，若安装的是 puppeteer，则第 1 行代码应写为：

```
import * as puppeteer from 'puppeteer'
```

若下载 URL 采用 HTTPS 协议，则第 4 行代码应写为：

```
import http from 'https'
```

第 8~17 行，用 BookItem 接口定义图书对象的结构。该结构含有 8 个字段：title（书名）、coverImgUrl（封面图片的 URL）、localCoverUrl（封面图片的本地存放路径）、author（作者）、price（定价）、isbn（ISBN）、pubDate（出版日期）和 summary（内容简介）。

第 18 行,定义图书对象数组 books,用于存放爬取的若干图书对象。

第 21~23 行,启动 Puppeteer 浏览器环境。注意,因为本项目(第 1 行)引入的是 puppeteer-core 库,所以需用 executablePath 参数来指定 Chrome 浏览器。若项目引入的是 puppeteer 库,则无须使用 executablePath 参数,系统会启动 puppeteer 安装时下载的 Chromium 浏览器。

第 27~28 行,等待"新书推荐"列表加载完成,并爬取列表中所有图书的图书详情页 URL,并放入 bookUrls 数组。

第 32~39 行,定义接收图书信息用的若干变量。

第 43~69 行,为核心代码。逐一读取 bookUrls 数组中每本图书的图书详情页 URL;进入图书详情页后,分别爬取封面图片的 URL 并将图片文件保存到本地,爬取 author、price、isbn、pubDate 和 summary 等信息。最后,将各项信息组织为对象形式加入图书对象数组 books。

page.$$eval()和 page.$eval()是 Puppeteer 框架中使用频率较高的函数,常用于网页数据的爬取。这里简单介绍一下这两个函数。

(1) 函数 page.$$eval()用于通过选择器爬取页面中的多值元素,函数 page.$eval()用于通过选择器爬取页面中的单值元素。

(2) 使用函数 page.$$eval()或 page.$eval()爬取页面元素时,可能会遇到因为选择器所在元素不存在而引起的错误,此时可用 catch()子句进行处理。以获取图书的定价为例,在第 56 行,添加了如下代码:

```
.catch(err=>{return "-1"})
```

第 72~73 行,将爬取的图书对象数组 books 的内容,以 Json 格式序列化保存到文件 Books.json 中。

第 74 行,最后关闭打开的 Puppeteer 浏览器。

(3) 运行。

编译 crawlBookChart.ts 文件,并在 Node.js 平台上执行该文件,执行命令如下:

```
tsc
node .\crawlBookChart.js
```

在项目目录中,打开 Books.json 文件,可查看爬取到的图书信息,如下所示:

```
[{"title":"于是一片光明: 1543—1957 人类科学探索四百年","coverImgUrl":"http://www.tup.tsinghua.edu.cn/upload/bigbookimg/087645-01.jpg","localCoverUrl":"087645-01.jpg","author":"汪有","price":109,"isbn":"9787302629481","pubDate":"2023.07.01","summary":"作者像是人类四百年科学探索史的"说书人",用精准、优雅的语言讲述了从哥白尼发表《天体运行论》之后的科学发展的历程,展示了人类群星闪耀的光辉,鲜活的科学故事,近代科学大厦是如何建立的,以及科学发展的历史必然性。探讨了科学精神的本质和推动科学发展的力量。同时也介绍了数学、物理、化学、生物等方面的知识。\n本书史料可信、思想连贯、叙述生动,人类探索科学 400 年的恢宏历史跃然纸上,是一部史诗般的科学史话。\n阅读此书,一是了解人类科学文明的演变历史,认识科学大师,理解科学思想,体味科学研究之艰辛,学会像科学家们一样思考。二是真正"站在巨人的肩膀上"望向更远、更美好的科学景致。\n强烈推荐给对这个世界充满好奇心的 8-120 岁的"少年"。"},
```

```
{"title":"网络渗透与攻防实战从新手到高手(微课超值版)","coverImgUrl":"http://www.tup.
tsinghua.edu.cn/upload/bigbookimg/087697-01.jpg","localCoverUrl":"087697-01.jpg",
"author":"网络安全技术联盟","price":79,"isbn":"9787302630944","pubDate":"2023.07.01",
"summary":"《网络渗透与攻防实战从新手到高手:微课超值版》在剖析用户进行黑客防御中迫切需
要或想要用到的技术时,力求对其进行实操式的讲解,使读者对网络渗透与攻防技术有一个系统的
了解,能够更好地防范黑客的攻击。全书共分为13章,包括网络渗透快速入门、搭建网络渗透测试
环境、DOS窗口与DOS命令、渗透入侵前的自我保护、渗透信息收集与踩点侦察、网络渗透的入侵与提
权、远程控制在渗透中的应用、渗透测试工具Nmap的应用、渗透测试框架Metasploit、SQL注入攻击
及防范技术、渗透中的欺骗与嗅探技术、跨站脚本攻击漏洞及利用、Windows系统的安全防护。\n另
外,《网络渗透与攻防实战从新手到高手:微课超值版》还赠送海量**资源,包括同步教学微视频、精
美教学幻灯片、教学大纲、108个黑客工具速查手册、160个常用黑客命令速查手册、180页计算机常
见故障维修手册、8大经典密码破解工具电子书、加密与解密技术快速入门电子书、网站入侵与黑客
脚本编程电子书、100款黑客攻防工具包,帮助读者掌握黑客防守方方面面的知识。\n《网络渗透与
攻防实战从新手到高手:微课超值版》内容丰富、图文并茂、深入浅出,不仅适用于网络安全和渗透测
试从业人员及网络管理员,而且适用于广大网络爱好者,也可作为大、中专院校相关专业的参
考书。"},
......
此处省略了28个图书对象信息
]
```

打开项目下的covers目录,可看到下载的30个封面图片文件,如图9-7所示。

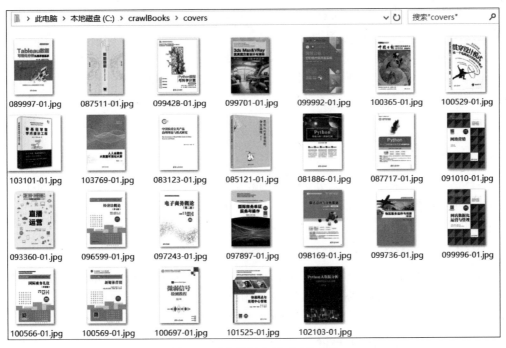

图9-7 下载的图书封面图片文件

第 10 章

将图书信息保存至 MongoDB

视频讲解

经过第 9 章爬虫案例项目的实践,清华大学出版社网站"新书推荐"页面列表中的图书数据已被爬取,并存放在 JSON 格式的文件中。然而,读写文件信息比较烦琐,因此在实际应用中会将爬虫数据存储在数据库中,通过数据库管理系统,对数据进行有效组织和统一管理。

本案例将引入 Mongoose 模块。Mongoose 是对 MongoDB 进行异步操作的对象模型工具。通过调用 Mongoose 提供的 API,可将 JSON 文件中的数据逐一存放到 MongoDB 数据库文档集合中。

10.1 案例分析

本案例将在 Node.js 平台上用 TypeScript 语言调用 Mongoose 工具的 API,将 Json 文件中的爬虫数据保存到 MongoDB 数据库中。

10.1.1 需求分析

清华大学出版社网站"新书推荐"页面列表中的图书信息,经由 Puppeteer 框架爬取并存放到 JSON 文件中后,最好能存放到数据库中,以便后期开发应用时使用。

在数据库产品选择上,通常应该考虑访问效率,能处理未来大规模爬虫数据的要求,且在 Node.js 平台下,支持使用 TypeScript 语言进行开发。

10.1.2 技术分析

对于 JSON 格式的图书信息,采用 MongoDB 数据库产品进行"面向集合文档"存储较为适合。MongoDB 是目前 NoSQL(Not Only SQL)中最热门的数据库产品,具有高性能、文档型、开源等特征,可解决海量数据的访问效率问题,业内通常使用 MongoDB 来存储大规模爬虫数据。

Mongoose 是在 Node.js 异步环境下对 MongoDB 进行便捷操作的对象模型工具。开发 Node.js 项目时,可通过 Mongoose 提供的 API 对 MongoDB 文档中的数据进行增、删、改、查等操作。

MongoDB 中保存信息的"文档集合"(document collection),相当于关系型数据库中存放记录的"表"(table)。而 MongoDB 中的一个"文档"(document),相当于关系型数据库中的一条"记录"(record)。

10.2　开发环境安装和配置

先确保已安装 Node.js 环境,具体的安装过程可参考 1.2.1 节内容。

注意,此处使用的 Node.js 版本为 16.15.1,npm 版本为 8.11.0。

1. 安装 MongoDB

在 MongoDB 官方网站下载 Windows 社区版 MongoDB。单击 Download 按钮,获得安装包文件 mongodb-windows-x86_64-6.0.3-signed.msi,如图 10-1 所示。

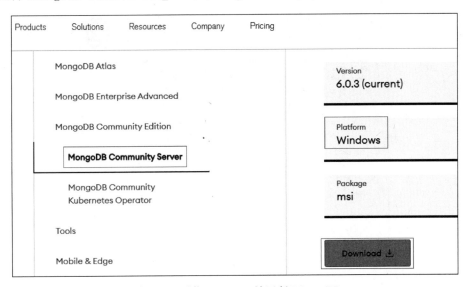

图 10-1　下载 Windows 社区版 MongoDB

双击.msi 文件,安装 MongoDB,主要步骤如下:

(1)单击 Next 按钮,勾选接受协议,单击 Next 按钮,单击 Complete 按钮,进行完整安装,如图 10-2 所示。

(2)单击 Next 按钮;保持默认勾选 Install MongoDB Compass,即选择 MongoDB Compass 作为 GUI(图形用户界面)管理工具,如图 10-3 所示。

(3)依次单击 Next 按钮、Install 按钮、Finish 按钮,完成最后的安装。

安装完毕后,打开 Windows 服务,可观察到 MongoDB Server 服务已自动启动,如图 10-4 所示。

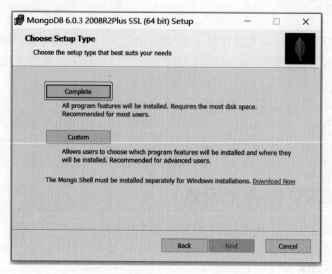

图 10-2　进行 MongoDB 完整安装

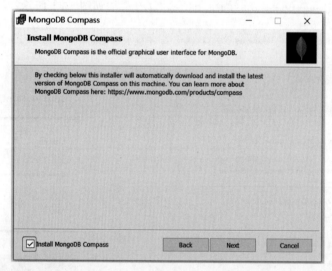

图 10-3　选择安装 GUI 管理工具 MongoDB Compass

图 10-4　安装后的 MongoDB Server 作为服务将自动启动

（4）打开 MongoDB Compass 应用，单击 Connect 按钮，连接至 MongoDB Server 服务，如图 10-5 所示。

图 10-5　连接 MongoDB Compass 至 MongoDB Server 服务

至此,保持 MongoDB Server 服务和 MongoDB Compass 工具的运行。

2. 创建项目目录

创建项目目录 mongoBooks,在命令窗口中执行如下命令:

```
mkdir mongoBooks
```

3. 项目初始化

进入 mongoBooks 目录,输入 npm init 命令,如下所示:

```
cd mongoBooks
npm init -y
```

会在当前目录 mongoBooks 中生成 Node.js 项目的配置文件 package.json。

4. 安装 TypeScript

在 mongoBooks 目录下,执行如下命令:

```
npm config set registry http://registry.npm.taobao.org
npm install typescript
```

第 1 行,为加快 npm 模块的安装速度,使用 npm config set registry 命令设置国内镜像。

第 2 行,安装 TypeScript 模块,系统会自动在 package.json 文件中添加 TypeScript 的相应依赖。

5. 初始化 TypeScript 项目开发环境

在 mongoBooks 目录下,执行如下命令:

```
tsc --init
```

会生成 TypeScript 编译器配置文件 tsconfig.json。

6. 安装 Mongoose 模块

在 mongoBooks 目录下,执行如下命令:

```
npm install mongoose
```

如果安装成功,会出现类似下面这样的信息:

```
added 101 packages in 8s
```

以上内容安装完成后,系统会自动在 package.json 中添加 Mongoose 的相应依赖,如下所示:

```
"dependencies": {
  "mongoose": "^6.8.0",
  "typescript": "^4.9.3"
}
```

至此,可使用 TypeScript 语言调用 Mongoose 模块的 API,操作 MongoDB 数据库中的文档了。

10.3 功能实现

继第 9 章用 Puppeteer 框架爬取图书相关信息并保存到 Books.json 文件中后,本案例实现的主要功能为:将 Books.json 文件中的图书信息保存到 MongoDB 数据库相应的文档集合中。当然,在实际开发中,爬取数据后,可直接将数据保存到数据库中。

以下是实现具体功能的步骤:

(1) 复制 Books.json 文件。

先将第 9 章中的图书文件 Books.json 复制到项目目录 mongoBooks 中。

(2) 编写 jsonFile2Mongo.ts 文件。

创建 jsonFile2Mongo.ts 文件,主要实现:读取 Books.json 文件中的所有图书信息,并逐一写入 MongoDB 数据库的 books 文档集合中,具体代码如下:

```typescript
1.  import mongoose from "mongoose"           // 引入 Mongoose 模块,用于操作 MongoDB
2.  import fs from "fs"                       // 引入 fs 库,用于读文件
3.  import path from "path"                   // 引入 path 库,设置文件路径
4.
5.  (async() => {
6.      // 连接 MongoDB 服务器,如果 books 数据库不存在,会先创建
7.      await mongoose.connect('mongodb://localhost:27017/books')
8.        .then( () => console.log("连接成功") )
9.        .catch( err => console.log(err) )
10.
11.     // 创建"图书 Book"文档结构
```

```javascript
12.        const BookSchema = new mongoose.Schema({
13.            title:String,                        //书名
14.            coverImgUrl : String,                //封面图片的URL
15.            localCoverUrl : String,              //封面图片的本地存放路径
16.            author : String,                     //作者
17.            price : Number,                      //定价
18.            isbn : String,                       //ISBN
19.            pubDate : String,                    //出版日期
20.            summary : String                     //内容简介
21.        })
22.        // 创建MongoDB模型,用模型.create()函数将数据存入数据库集合
23.        const bookModel = mongoose.model('Book', BookSchema)
24.        //读Books.json文件,将每一项图书信息逐一放入文档集合books
25.        const filePath = path.resolve('./Books.json')
26.        fs.readFile(filePath,'utf8',(err,data) =>{
27.            if(err) console.log("err:",err)
28.            if(data) console.log("data:",data)
29.
30.            let books = JSON.parse(data) as {     //转Json为对象数组
31.                title:String,                     //书名
32.                coverImgUrl : String,             //封面图片的URL
33.                localCoverUrl : String,           //封面图片的本地存放路径
34.                author : String,                  //作者
35.                price : Number,                   //定价
36.                isbn : String,                    //ISBN
37.                pubDate : String,                 //出版日期
38.                summary : String                  //内容简介
39.            }[]
40.            books.forEach(item => {               //逐一写入MongoDB的文档集合books中
41.                bookModel.create( {
42.                    title:item.title,
43.                    coverImgUrl:item.coverImgUrl,
44.                    localCoverUrl: item.localCoverUrl,
45.                    author:item.author,
46.                    price:item.price,
47.                    isbn:item.isbn,
48.                    pubDate:item.pubDate,
49.                    summary:item.summary
50.                }
51.                )
52.            })
53.        })
54.    })()
```

第1～3行,引入3个库:Mongoose库用于操作MongoDB;fs库用于读取Json文件数据;path库用于设置文件路径。

第7～9行,连接MongoDB数据库books(注意,若books数据库不存在,会自动创建)。此外,正常连接将输出"MongoDB连接成功"信息,否则输出异常信息。

第12～21行,创建"图书"文档结构BookSchema。

第23行，按指定文档结构BookSchema，创建MongoDB集合books对应的模型对象bookModel。经此设置后，第41行函数bookModel.create({…})就可将对象写入集合books。注意，函数mongoose.model()中的第一个参数值为Book，按照约定，MongoDB数据库中对应的文档集合名为books。

第25～53行，读取Books.json文件，将文件中的图书信息逐一放入MongoDB文档集合books。具体操作步骤如下：

第25～28行，读取Books.json文件的内容。

第30～39行，将读取的JSON格式内容转换为对象数组。

第40～52行，逐一读取对象数组中的元素（图书对象），然后调用模型对象的函数create()将元素写入MongoDB文档集合books。

（3）执行。

编译项目后，用node命令运行jsonFile2Mongo.js文件，执行命令如下：

```
tsc
node .\jsonFile2Mongo.js
```

打开MongoDB Compass应用，单击Connect按钮，连接MongoDB服务器。可观察到Books数据库中生成了books集合，并在books集合中新增了30个图书文档，如图10-6所示。

图10-6　MongoDB中生成了含有30个文档的books集合

第 11 章

实现后端RESTful API服务

视频讲解

经过第 10 章的案例实践,清华大学出版社网站"新书推荐"页面列表中的图书信息已被存放在 MongoDB 数据库中。接下来,可以对图书信息进行统一维护和管理了,比如获取图书榜列表信息、获取图书详细信息、修改图书信息中的不合理内容、更换图书封面图片 URL、对图书进行删除等。

REST 是 Representational State Transfer 的简称。RESTful API 代表的是一种软件架构风格,它将一切数据视为资源,而资源的增、删、改、查操作则可通过 URL 进行标识。

RESTful API 架构将行为和资源分离:数据操作指令都是"动词+宾语"的结构,其结构清晰、符合标准、易于理解、扩展方便,能够满足当前移动互联前端设备的多样化需求。

本案例中将设计 RESTful API 后端应用服务,实现图书信息的各类操作接口。

11.1 案例分析

可以使用 Express.js 应用框架构建一个 RESTful API 服务,对 MongoDB 数据库中存放的图书信息进行功能操作。

11.1.1 需求分析

现在 MongoDB 中已经有了图书信息,可考虑使用 RESTful API 管理这些信息,主要包括 5 种功能操作:列表、新增、查询、更新和删除,如表 11-1 所示。

表 11-1 图书信息操作 RESTful API 需求

功能操作	描 述	方 式	访 问 资 源
列表	获取图书信息列表	Get	http://localhost:8080/books

续表

功能操作	描述	方式	访问资源

新增	新增图书信息。操作时需提供 Json 格式的属性值	Post	http://localhost:8080/books
			Content-Type: application/json
			
			{
			  "title": "…",
			  … 其他属性
			}

查询	根据 ID 值查询，返回相应图书信息	Get	http://localhost:8080/books/63a7efdc8b3e91f6b67eeb73

更新	编辑 ID 值对应的图书，修改其 Json 格式的属性值	Patch 或 Put	http://localhost:8080/books/63a7efdc8b3e91f6b67eeb73
			Content-Type: application/json
			
			{
			  "title": "…新值",
			  … 其他修改属性
			}

删除	删除 ID 值对应的图书信息	Delete	http://localhost:8080/books/63a7efdc8b3e91f6b67eeb73

11.1.2 技术分析

Express.js 是一个轻量级 Web 应用框架。利用 Express.js 框架，可以在 Node.js 平台上快速搭建 RESTful API 构架的 Web 应用。

目前，爬取的数据已存储在 MongoDB 数据库中，可调用 Mongoose 模块提供的 API 实现对这些数据的增、删、改、查操作。

11.2 开发环境的安装和配置

先确保已安装 Node.js 环境，具体的安装过程可参考 1.2.1 节内容。

注意，此处使用的 Node.js 版本为 16.15.1，npm 版本为 8.11.0。

（1）下载安装 MongoDB 和管理工具 MongoDB Compass。

具体过程可参考 10.2 节中的安装 MongoDB 部分。

（2）创建项目目录。

创建项目目录 restBooks，在命令窗口中执行如下命令：

```
mkdir restBooks
```

（3）项目初始化。

进入 restBooks 目录，并输入 npm init 命令，如下所示：

```
cd restBooks
npm init -y
```

会在当前的 restBooks 目录中生成 Node.js 项目的配置文件 package.json。

（4）安装 TypeScript。

在 restBooks 目录下，执行如下命令：

```
npm config set registry http://registry.npm.taobao.org
npm install typescript
```

第 1 行，为加快 npm 模块安装速度，使用 npm config set registry 命令设置国内镜像。

第 2 行，安装 TypeScript 模块，系统会自动在 package.json 文件中添加 TypeScript 的相应依赖。

（5）初始化 TypeScript 项目开发环境。

在 restBooks 目录下，执行如下命令：

```
tsc --init
```

会生成 TypeScript 编译器配置文件 tsconfig.json。

（6）安装 Mongoose 模块。

在 restBooks 目录下，执行如下命令：

```
npm install mongoose
```

Mongoose 安装完成后，系统会自动在 package.json 中添加 Mongoose 的相应依赖。

（7）安装 Express.js 模块。

在 restBooks 目录下，执行如下命令：

```
npm install express
```

Express.js 安装完成后，系统会自动在 package.json 中添加 Express.js 的相应依赖。

再安装 Express.js 类型声明文件，执行如下命令：

```
npm install @types/express
```

（8）在 VSCode 中安装 REST Client 插件。

启动 VSCode 开发环境，执行命令如下：

```
code .
```

接下来，在 VSCode 中添加 REST Client 插件，该插件用于测试 RESTful API 的请求。REST Client 插件的具体安装和测试过程如下：

① REST Client 插件的安装。

单击 VSCode 工具的 extensions 按钮，在查询框中输入 REST Client。找到 REST Client 插件后，单击 Install 按钮进行安装，如图 11-1 所示。

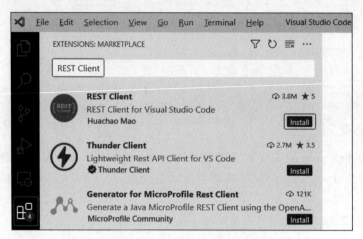

图 11-1　在 VSCode 中安装 REST Client 插件

② 创建测试文件。

在项目目录中创建测试文件 rest.http，代码如下：

```
###
get https://www.baidu.com
```

注意，REST Client 文件的扩展名必须为 .http 或 .rest；＃＃＃用于分割 HTTP 请求，在每个请求前须加上。

右击 Get 请求行，选择 Send Request 发送 Get 请求。此时若返回正确响应信息，则说明 REST Client 插件可用，如图 11-2 所示。

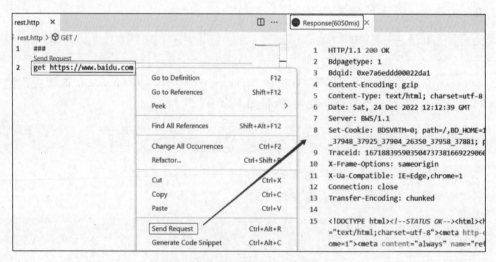

图 11-2　测试 REST Client 插件是否可用

11.3 功能实现

功能实现分为 3 个步骤：先基于 Express.js 搭建 RESTful API 应用的整体构架；然后针对图书信息的 5 种操作，设置相应的 5 个 RESTful API 路由；最后针对每个路由，实现相应的控制器处理函数。

11.3.1 搭建 Express.js 应用构架

创建 server.ts 文件，搭建 RESTful API 应用的整体构架，包括对 Express.js 设置中间件、路由以及启动应用等核心部分，代码如下所示：

```
1.   import http from 'http'
2.   import express from 'express'
3.
4.   const router: express.Express = express()              //创建路由处理器 router
5.   router.use(express.json()) //use 中间件，令 express 能处理 json 数据
6.   router.use((req, res, next) => {
7.       res.header('Access-Control-Allow-Origin', '*')    //允许跨域访问
8.       // 设置跨域访问的头信息(headers)
9.       res.header('Access-Control-Allow-Headers', '*')
10.      // 允许访问 GET/PUT/PATCH/DELETE/POST 等各种方式的请求
11.      res.header('Access-Control-Allow-Methods', '*')
12.      if (req.method === 'OPTIONS') {
13.          return res.status(200).json({ })
14.      }
15.      next()
16.  })
17.  /** 路由 */
18.  //router.use('/', routers)
19.  router.get('/', (req, resp) => {
20.      resp.send("hello")
21.  })
22.  /** 启动应用 */
23.  const httpServer = http.createServer(router)
24.  httpServer.listen(8080, () => console.log(`The server is running`))
```

第 1 行，引入 HTTP 模块，HTTP 模块是 Node.js 的内置模块，用于创建 HTTP 服务器。

第 2 行，引入 Express.js 模块，用于快速构建 RESTful API 构架的 Web 服务，负责创建路由处理器、设置路由中间件等。

第 4 行，创建 Web 服务的路由处理器。

第 5 行，设置相应的路由中间件，令 Web 服务能处理 JSON 数据。

第 6~16 行，设置相应的路由中间件，让 Web 服务能够被跨域访问并且能够接收多种方式的请求（如 Get、Put、Patch、Delete、Post 等）。

第 19~21 行，设置路由处理"Get /"请求，用于测试搭建的构架是否可用。

第 23～24 行，将路由处理器配置到应用中，并以端口号 8080 启动应用。

编译并启动应用，执行命令如下：

```
tsc
node ./server.js
```

打开浏览器，在 URL 地址栏输入 http://localhost:8080/，若显示如图 11-3 所示结果，则说明基于 Express.js 的 RESTful API 应用的整体构架已搭建成功。

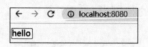

图 11-3 测试 RESTful API 应用整体构架是否搭建成功

11.3.2 设置路由

1. 设置对图书信息各类操作的 RESTful API 路由

创建路由目录 routers，并在目录中创建 books.ts 文件，设置对图书信息进行操作的 RESTful API 路由。

编写 books.ts 文件代码，如下所示：

```
1.   import express from 'express'
2.
3.   const routers = express.Router()
4.
5.   routers.get('/books',(req: express.Request,resp: express.Response)=>{
6.       resp.send("Get: 获取图书列表")
7.   })
8.
9.   routers.post('/books/',(req:express.Request,resp:express.Response)=>{
10.      resp.send(`Post: 添加图书信息`)
11.  })
12.
13.  routers.get('/books/:id',(req:express.Request,resp:express.Response)=>{
14.      resp.send(`Get: 获取ID为${req.params.id}的图书信息`)
15.  })
16.
17.  routers.patch('/books/:id',(req:express.Request,resp:express.Response)=>{
18.      resp.send(`Patch: 修改ID为${req.params.id}的图书信息`)
19.  })
20.
21.  routers.delete('/books/:id',(req:express.Request,resp:express.Response)=>{
22.      resp.send(`Delete: 删除ID为${req.params.id}的图书信息`)
23.  })
24.
25.
26.  export = routers
```

第 1～3 行，引入 Express.js 模块，并创建路由处理器 routers。

第 5～23 行，设置 5 个路由，分别用于测试：获取图书列表、添加图书信息、根据 ID 值获取图书详细信息、修改图书信息、删除图书信息。

第 26 行,导出路由处理器 routers,以便在应用文件 server.ts 中导入。

2. 应用中导入路由处理器

在 server.ts 中需要引入 ./routers/books.ts 导出的路由处理器 routers。为此需要修改 server.ts 代码,步骤如下:

(1) 在第 3 行导入设置了 RESTful API 处理的路由。

```
import routers from './routers/books'
```

(2) 去掉第 18 行的注释,由 ./routers/books.ts 文件中的路由处理器 routers 来处理请求,代码如下:

```
router.use('/', routers)
```

3. 用 REST Client 测试 RESTful API

步骤如下:

(1) 编译并启动应用。

执行如下命令:

```
tsc
node ./server.js
```

(2) 编写 RESTful API 测试。

修改 rest.http 文件,代码如下:

```
1.    ###
2.    get http://localhost:8080/books
3.    ###
4.    post http://localhost:8080/books
5.    ###
6.    get http://localhost:8080/books/63a831f45bc5244a4a4c35e1
7.    ###
8.    patch http://localhost:8080/books/63a831f45bc5244a4a4c35e1
9.    ###
10.   delete http://localhost:8080/books/63a831f45bc5244a4a4c35e1
```

第 2 行,用 Get 请求获取图书列表信息。

第 4 行,用 Post 请求添加图书信息。

第 6 行,用 Get 请求获取 ID 值为 63a831f45bc5244a4a4c35e1 的图书信息。

第 8 行,用 Patch 请求修改 ID 值为 63a831f45bc5244a4a4c35e1 的图书信息。

第 10 行,用 Delete 请求删除 ID 值为 63a831f45bc5244a4a4c35e1 的图书信息。

接着,可对请求进行逐一测试,观察它们是否被正确地路由至文件 routers/books.ts 中相应的函数,由这些函数来处理。

以测试第 6 行的 Get 请求为例:右击第 6 行,执行 Send Request 选项,Get 请求会通过路由切换到相应的函数处理。其返回结果如图 11-4 所示。

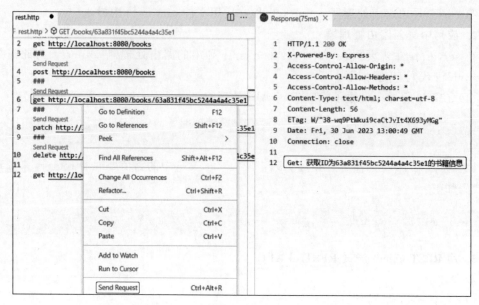

图 11-4　Get 请求经过路由处理后的结果

因篇幅限制,此处不再演示其他 4 个测试过程。

11.3.3　实现控制器

1. 在控制器类中实现对图书信息的各类操作

创建控制器目录 controllers,在该目录中创建 books.ts 文件,定义针对图书信息各类操作的函数。books.ts 文件的代码如下:

```
1.   import express from "express"
2.   import mongoose from "mongoose"
3.
4.   mongoose.connect('mongodb://localhost:27017/books')
5.     .then( () => console.log("连接成功") )
6.     .catch( err => console.log(err) )
7.
8.   // 创建书籍 Book 的结构
9.   const BookSchema = new mongoose.Schema({
10.      title:String,                //书名
11.      coverImgUrl : String,        //封面图片的 URL
12.      localCoverUrl : String,      //封面图片的本地存放路径
13.      author : String,             //作者
14.      price : Number,              //定价
15.      isbn : String,               //ISBN
16.      pubDate : String,            //出版日期
17.      summary : String             //内容简介
18.   })
19.   // 创建 BookSchema 对应的模型,通过模型函数可操作数据库中的 books 文档
20.   const bookModel = mongoose.model('Book', BookSchema)
```

```ts
21.
22.    const getAll = async (req: express.Request, res: express.Response) => {
23.        let books = await bookModel.find()
24.        return res.status(200).json( {
25.            message: books
26.        })
27.    }
28.    const store = async (req: express.Request, res: express.Response) => {
29.        let book = {
30.            title:req.body.title,
31.            coverImgUrl:req.body.coverImgUrl,
32.            localCoverUrl:req.body.localCoverUrl,
33.            author:req.body.author,
34.            price:req.body.price,
35.            isbn:req.body.isbn,
36.            pubDate:req.body.pubDate,
37.            summary:req.body.summary
38.        }
39.        let savedBook = await bookModel.create(book)
40.        return res.status(200).json( {
41.            message: savedBook
42.        })
43.    }
44.    const get = async (req: express.Request, res: express.Response) => {
45.        let id: string = req.params.id
46.        let book = await bookModel.findById(req.params.id)
47.        return res.status(200).json({
48.            message: book
49.        })
50.    }
51.    const update = async (req: express.Request, res: express.Response) => {
52.        let book = {
53.            title:req.body.title,
54.            coverImgUrl:req.body.coverImgUrl,
55.            localCoverUrl:req.body.localCoverUrl,
56.            author:req.body.author,
57.            price:req.body.price,
58.            isbn:req.body.isbn,
59.            pubDate:req.body.pubDate,
60.            summary:req.body.summary
61.        }
62.        let updatedInfo = await bookModel.updateOne({_id:req.params.id},{$set:book})
63.        return res.status(200).json( {
64.            message: updatedInfo
65.        })
66.    }
67.    const del = async (req: express.Request, res: express.Response) => {
68.        let removedInfo = await bookModel.deleteOne({_id:req.params.id})
69.        return res.status(200).json({
70.            message: removedInfo
```

```
71.         })
72.     }
73.
74.     export {getAll, store, get, update, del}
```

第 1 行，导入 Express.js 模块。Express.js 模块内定义了请求和响应，可使用 express.Request 对象来获取请求中的参数值，使用 express.Response 对象来响应结果。

第 2 行，导入 Mongoose 模块，用于访问 MongoDB 数据库中的集合文档数据。

第 4~6 行，使用 Mongoose 模块连接 MongoDB 数据库 books。正常连接将输出 "MongoDB 连接成功"信息，否则输出异常信息。

第 9~20 行，创建图书文档结构 BookSchema，并创建对应的模型 bookModel。注意，通过模型 bookModel 的相关函数即可操作 MongoDB 中相应的 books 文档。

第 22~27 行，用模型 bookModel 的函数 find() 获取图书列表，并用 express.Response 对象 res 返回图书列表结果。

第 28~43 行，用 express.Request 对象 req 获取请求主体中的参数值，并组装为 book 对象；用模型 bookModel 的函数 create() 创建文档，并用 express.Response 对象 res 返回新建的图书对象。

第 44~50 行，用 req.params.id 获取路由中的":id"参数值，用模型 bookModel 的函数 findById() 获得相应的图书对象，并用 express.Response 对象 res 返回该图书对象。

第 51~66 行，用 express.Request 对象获取请求主体中的参数值，并组装为 book 对象；用模型 bookModel 的函数 updateOne() 修改 book 对象的属性值，最后通过 express.Response 对象 res 返回修改信息。

注意，函数 updateOne() 的第一个参数为查询条件，第二个参数使用 $set 指定对象要修改的属性。

第 67~72 行，用代码 req.params.id 获取路由中的":id"参数值，用模型 bookModel 的函数 deleteOne() 删除相应图书，并通过 express.Response 对象 res 返回删除结果信息。

第 74 行，导出 getAll、store、get、update 和 del 这 5 个函数，以便交由 routers/books.ts 文件中定义的路由处理器调用。

2. 修改路由处理

打开 routers/books.ts 文件，引入 controllers/books 中的控制器处理函数，并修改路由处理代码。修改后，routers/books.ts 文件的代码如下：

```
1.  import express from 'express'
2.  import {getAll, store, get, update, del} from '../controllers/books'
3.  const routers = express.Router()
4.
5.  // routers.get('/books',(req:express.Request,resp:express.Response) =>{
6.  //      resp.send("Get: 获取书籍列表")
7.  // })
8.  routers.get('/books', getAll)
9.  // routers.post('/books/',(req:express.Request,resp:express.Response) =>{
10. //      resp.send(`Post: 添加书籍信息`)
```

```
11.     // })
12.     routers.post('/books', store)
13.     // routers.get('/books/:id',(req:express.Request,resp:express.Response) =>{
14.     //      resp.send(`Get: 获取 ID 为 ${req.params.id}的书籍信息`)
15.     // })
16.     routers.get('/books/:id', get)
17.     // routers.put('/books/:id',(req:express.Request,resp:express.Response) =>{
18.     //      resp.send(`Put: 修改 ID 为 ${req.params.id}的书籍信息`)
19.     // })
20.     routers.patch('/books/:id', update)
21.     // routers.delete('/books/:id',(req:express.Request,resp:express.Response) =>{
22.     //      resp.send(`Delete: 删除 ID 为 ${req.params.id}的书籍信息`)
23.     // })
24.     routers.delete('/books/:id', del)
25.
26.     export = routers
```

第 2 行，引入控制器文件 controllers/books.ts 中导出的 5 个函数。

第 5～24 行，将原有的 5 个路由处理注释掉，并分别用控制器文件中定义的函数代替进行处理。

3. 测试 RESTful API

(1) 编译项目中各.ts 文件后，用 node 命令运行 server.js 文件。执行命令如下：

```
tsc
node .\server.js
```

(2) 编辑 rest.http 文件，修正 RESTful API 测试代码。代码如下：

```
1.    ###
2.    get http://localhost:8080/books
3.    ###
4.    post http://localhost:8080/books
5.    Content-Type: application/json
6.
7.    { "_id": "{{$guid}}",
8.      "title": "C♯程序设计与编程案例(微课视频版)",
9.      "coverImgUrl": "http://www.tup.tsinghua.edu.cn/upload/bigbookimg/095700-01.jpg",
10.     "localCoverUrl": "095700-01.jpg",
11.     "author": "曹宇 许高峰 王佳丽",
12.     "price": 59.9,
13.     "isbn":"9787302609049",
14.     "pubDate": "2022.08.01",
15.     "summary": "本书知识点配以示例代码,让读者在学练结合、循序渐进中学习 C♯语言,体验学习乐趣、感受编程魅力。\n 全书共 9 章,分别介绍了 C♯的开发入门、基础语法、面向对象编程、常用类和结构、集合、数据库基础、ADO.NET 数据库交互技术、Windows 窗体应用开发入门和综合应用。此外,每章精心设计了项目案例,使读者在实践中巩固相应的实用开发技能。本书概念清晰、内容简练,是学习 C♯语言的入门佳选,既可作为全国高等学校 C♯语言的程序设计课程的教材,也可作为编程爱好者的自学参考用书。"
```

```
16.     }
17.     ###
18.     get http://localhost:8080/books/63a831f45bc5244a4a4c35e1
19.     ###
20.     patch http://localhost:8080/books/63a838ae69e4cb11716bc310
21.     Content-Type: application/json
22.
23.     {
24.       "title": "C#程序设计与编程案例(修正版)",
25.       "coverImgUrl": "http://www.tup.tsinghua.edu.cn/upload/bigbookimg/095700-edit.jpg",
26.       "localCoverUrl": "095700-edit.jpg",
27.       "author": "曹宇",
28.       "price": 60,
29.       "isbn": "9787302609066",
30.       "pubDate": "2025.06.06",
31.       "summary": "在原版本基础上增加更多案例、修正了错误……"
32.     }
33.     ###
34.     delete http://localhost:8080/books/63a830070149c04598e2b986
```

(3) 对5种请求逐一进行测试。操作如下：

① 测试Get/books请求是否返回图书列表数据。

右击第2行Get请求，选择Send Request，将返回图书列表的JSON数据，如图11-5所示。

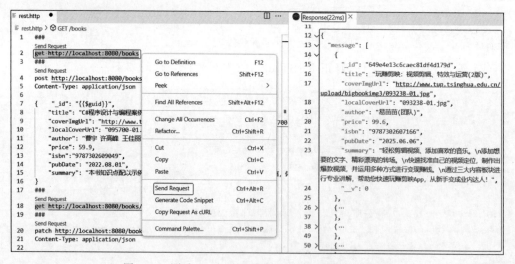

图11-5　测试Get/books请求是否返回图书列表数据

② 测试"Get/books/{id}"请求是否返回指定ID值对应的图书数据。

修改18行代码，将ID值改为Get/books，该请求会返回列表中某本书的ID值。此处改为：

```
patch http://localhost:8080/books/649f989457aeb431a4225d92
```

右击第18行Get请求，选择Send Request，返回ID值对应的图书数据（JSON格式），如图 11-6 所示。

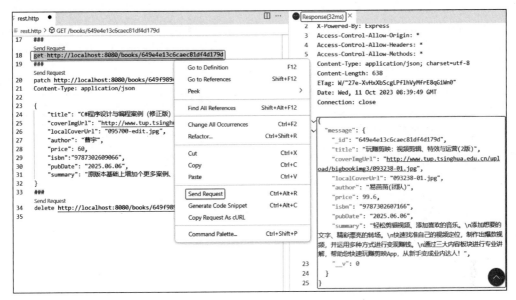

图 11-6　测试 Get/books/{id} 请求是否返回指定 ID 值对应的图书数据

③ 测试 Post/books 请求是否新增图书文档。

选中第 4~16 行的 Post 请求块，右击，选择 Send Request，在 MongoDB 数据库集合 books 中将插入一个图书文档，同时返回插入图书的相关数据，如图 11-7 所示。

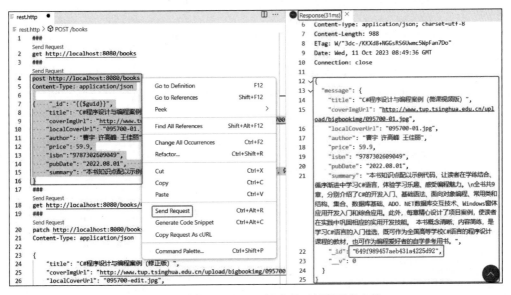

图 11-7　测试 Post/books 请求是否新增图书文档

④ 测试 Patch/books/{id} 请求是否会修改指定 ID 值对应的图书信息。

修改第 20 行的代码，将 ID 值改为 Post/books 请求返回的新增图书的 ID 值。此处改为：

```
patch http://localhost:8080/books/649f989457aeb431a4225d92
```

然后选中第 20～32 行的 Patch 请求块，右击，选择 Send Request，将提交 ID 值为 63a838ae69e4cb11716bc310 的图书信息。若返回信息中有"modifiedCount"：1，则说明数据库中相应图书的信息修改成功，如图 11-8 所示。

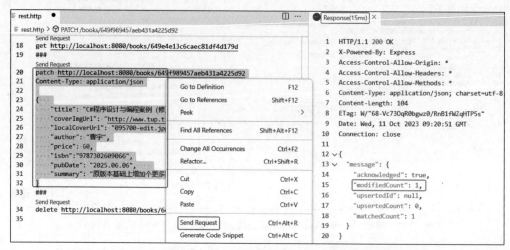

图 11-8　测试 Patch/books/{id}请求是否会修改指定 ID 对应的图书信息

⑤ 测试 Delete/books/{id}请求是否会删除指定 ID 值对应的图书。

修改第 20 行代码，将 ID 值改为 Post/books 请求返回的新增图书的 ID 值。此处改为：

```
delete http://localhost:8080/books/649f989457aeb431a4225d92
```

然后右击第 34 行 Delete 请求，选择 Send Request，将删除指定 ID 值对应的图书文档，若返回中有"deletedCount"：1 信息，则说明数据库中相应的图书删除成功，如图 11-9 所示。

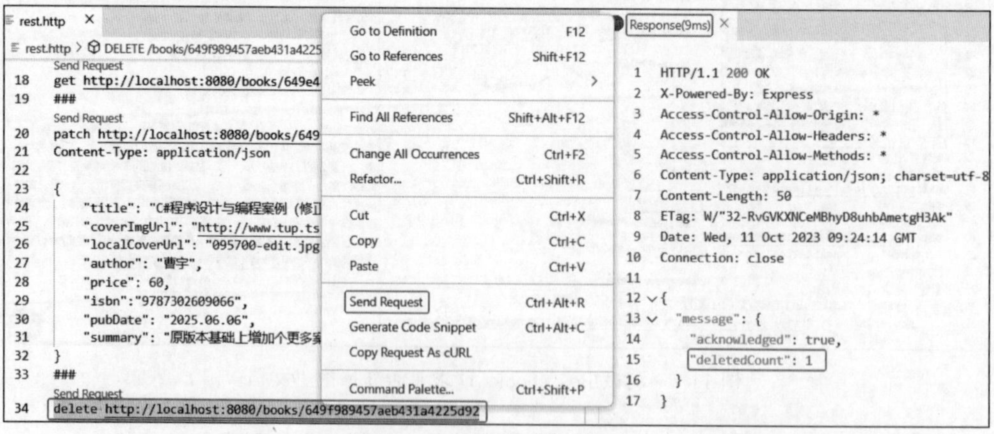

图 11-9　测试 Delete/books/{id}请求是否会删除指定 ID 值对应的图书

至此，本项目 RESTful API 各项功能都已开发完成。

第 12 章

实现前端Vue应用

经过第 11 章的案例实践,已经在 Express.js 应用框架上构建了 RESTful API 服务。现在可设计相应的 Web 前端应用,通过调用 RESTful API 来实现对图书信息的管理。

为获得更佳的用户体验,提升开发效率,应在前端应用中加入 Web 前端框架。目前 Web 前端三大框架为 Vue.js、React.js 和 Angular.js,其中 Vue 具有入门友好、资料丰富、框架功能完善等优点,比其他框架在国内更受欢迎些。因此,本案例将使用 Vue 框架进行前端应用开发。

12.1 案例分析

视频讲解

设计必要的前端操作界面,再通过与 RESTful API 服务交互,就可实现图书信息的可视化维护功能。

12.1.1 需求分析

针对图书信息操作的各个功能接口,已经通过 RESTful API 发布出来了。现在可考虑开发相应的 Web 前端应用,实现对图书列表信息的获取、显示图书详细信息、编辑图书信息和删除图书等功能的可视化操作。

12.1.2 技术分析

越来越多的前端 Web 应用选择使用 Vue 框架进行开发,就连美团、阿里巴巴等知名科技公司也在使用 Vue 进行新项目开发和旧项目的前端重构。Vue 的优势在于,它对数据进行双向绑定、使用虚拟 DOM、页面局部刷新、访问速度快、用户体验好。为此,本项目选用 Vue 框架进行开发。

相比 Webpack 构建工具,使用 Vite 构建 Vue 项目更有优势:无须打包、实时编译、模块热加载(hot module replacement,HMR)速度极快、上手简单、开发效率高。为此,本项目使用 Vite 工具进行 Vue 项目构建。

要想在 Vue 项目中实现路由功能,可以引入 vue router 模块。Vue Router 是 Vue.js 官方提供的路由管理器,可使单页面应用程序(single page application,SPA)的构建过程更加轻松。

此外,本项目还将引入 Axios 模块,它是一个基于 Promise 的 HTTP 客户端库请求工具,可简化对 RESTful API 的访问代码。

12.2 开发环境安装和配置

先确保已安装 Node.js 环境,具体的安装过程可参考 1.2.1 节内容。

注意,此处使用的 Node.js 版本为 16.15.1,npm 版本为 8.11.0。

1. 下载安装 MongoDB 和管理工具 MongoDB Compass

具体过程可参考 10.2 节内容。

2. 创建项目

在命令窗口中执行如下命令:

```
npm create vite@latest vueBooks -- template vue
```

其作用是:使用最新的 Vite 工具在当前目录中构建 vueBooks 项目,--template vue 参数则指定使用 Vue 模板进行项目的创建。

随着 npm create vite 命令的执行,将启动相应的"Vue 项目脚手架"搭建向导。向导实施参考如下:

(1)提示安装最新的 create-vite 工具。

出现如下提示:

```
Need to install the following packages:
   create-vite@latest
Ok to proceed? (y) y
```

输入 y,按 Enter 键确认即可。

注意,create-vite 工具用于针对 Vanilla、Vue、React 等主流 Web 应用框架,快速生成对应框架的基础模板。

(2)确认项目包名 vuebooks。

出现如下提示:

```
? Package name: » vuebooks
```

按回车键确认即可。

(3)选择 Vue 作为项目开发的基础框架。

出现如下提示:

```
? Select a framework: ≫ - Use arrow-keys. Return to submit.
    Vanilla
>   Vue
    React
    Preact
    Lit
    Svelte
    Others
```

按"向下"键，选择 Vue 作为项目开发的 Web 应用框架，并按回车键确认。

（4）选择 TypeScript 作为项目开发语言。

出现如下提示：

```
? Select a variant: ≫ - Use arrow-keys. Return to submit.
    JavaScript
>   TypeScript
    Customize with create-vue ↗
    Nuxt ↗
```

按"向下"键，选择 TypeScript 作为项目开发语言，并按回车键确认。

最后显示信息如下：

```
1.    √ Package name: ...    vuebooks
2.    √ Select a framework: ≫ Vue
3.    √ Select a variant: ≫ TypeScript
4.
5.    Scaffolding project in C:\prj\vueBooks...
6.
7.    Done.    Now run:
8.
9.      cd vueBooks
10.     npm install
11.     npm run dev
```

第 5 行和第 7 行，说明 Vue 基础框架已经搭建完毕。

第 9~11 行，提示用 cd 命令进入项目目录，用 npm 命令完成 package.json 文件中依赖包的安装，并用 npm run dev 命令运行 Vue 前端项目。

3．安装项目依赖包

先进入项目目录，执行命令如下：

```
cd vueBooks
```

为加快 npm install 命令的执行速度，建议先设置国内镜像。执行命令如下：

```
npm config set registry http://registry.npm.taobao.org
```

安装依赖包,执行命令如下:

```
npm install
```

4. 启动项目

启动项目,执行命令如下:

```
npm run dev
```

控制台若出现如下信息:

```
VITE v4.0.4 ready in 409 ms

  ➜  Local:   http://127.0.0.1:5173/
  ➜  Network: use -- host to expose
  ➜  press h to show help
```

则说明 Vue 项目在本地已启动,并侦听 5173 端口号。此时,可在浏览器 URL 地址栏输入 http://127.0.0.1:5173/ 进行访问,如图 12-1 所示。

图 12-1　启动本地 Vue 项目并访问

注意,整个 Vue 项目是个单页应用。Vue 项目中的首页 index.html 为单页文件,即整个项目仅有这一个 html 文件。index.html 会调用文件 main.ts,main.ts 负责项目入口工作。main.ts 会导入项目根组件 App.vue,并将其挂载到应用 index.html 的#app 节点上,所有界面功能都将在 App.vue 根组件上运行。

5. 安装 Volar 插件

在 VSCode 开发工具中安装 Volar 插件后,使用 TypeScript 语言开发 Vue 项目会得到更好的支持。

Volar 插件的安装过程如下:

单击 Extensions 按钮,在查询框中输入 volar。查找到 Vue Language Features(Volar) 和 TypeScript Vue Plugin(Volar)后,分别单击 Install 按钮进行安装,如图 12-2 所示。

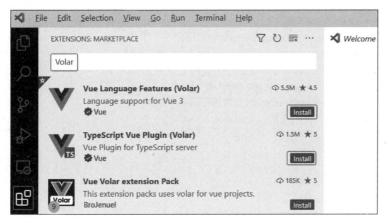

图 12-2　VSCode 中安装 Volar 插件

6. 安装和配置路由模块

(1) 安装 vue-router 模块。

在项目目录下,执行命令如下:

```
npm install vue-router
```

Vue Router 是 Vue.js 官方路由管理器。将 vue-router 安装到项目中后,构建单页面应用将变得更为容易。

(2) 添加 Vue 组件。

Vue 组件都由模板(template)、样式(style)和脚本(script)组成,通常用于实现一个特定的功能界面。组件可以被复用和组合,帮助开发者更高效地构建复杂的应用程序。

本项目将添加两个 Vue 测试组件,如下所示。

在项目的 src/components 目录下,创建组件文件 List.vue,代码如下:

```
1.    <script setup lang = "ts">
2.    </script>
3.
4.    <template>
5.        <h3>书籍列表</h3>
6.    </template>
```

在项目的 src/components 目录下,创建组件文件 Details.vue,代码如下:

```
1.    <script setup lang = "ts">
2.    </script>
3.
4.    <template>
5.        <h3>书籍详情</h3>
6.    </template>
```

(3) 配置路由。

在项目的 src/router 目录下,创建路由文件 index.ts,代码如下:

```
1.   import {RouteRecordRaw,createRouter,createWebHistory} from 'vue-router'
2.   import List from "../components/List.vue"
3.   import Details from "../components/Details.vue"
4.   // 路由规则,定义 URL 地址与组件之间的对应关系
5.   const routes: Array<RouteRecordRaw> = [
6.       { path: '/list', name:'list', component:List },
7.       { path: '/books/:id', component:Details },
8.   ]
9.
10.  const router = createRouter({
11.      history: createWebHistory(),
12.      routes: routes
13.  })
14.  export default router
```

第1行,导入路由管理器 Vue Router 的3个资源,在路由设置中将使用这3个资源。

第2~3行,分别从 List.vue 和 Details.vue 文件中导入两个测试组件:List 和 Details。

第5~8行,设置路由。访问/list,即访问组件 List;访问/books/:id,即访问组件 Details。

第10~13行,设置 Vue 路由模式。Vue 有两种路由模式:Hash 和 History,此处采用了 History 模式。

注意,路由可以被视为由多个 URL 组成的映射表,不同的 URL 可以用于导航到不同的资源。浏览器的 History API 可将资源状态维持在浏览器中。Vue-router 则借助 History API,达到切换资源(实际上为切换访问 Vue 组件)时页面不刷新的效果。

第14行,用 export 关键字导出路由变量 router。

(4) 使用路由标签< router-view />。

在项目的 src 目录下,修改根组件文件 App.vue,加入路由标签< router-view />,代码如下:

```
1.   <script setup lang="ts">
2.   </script>
3.
4.   <template>
5.   <router-view />
6.   </template>
```

(5) 为应用指定路由。

在项目的 src 目录下,修改应用入口文件 main.ts,为应用指定路由,代码如下:

```
1.   import { createApp } from 'vue'
2.   import App from './App.vue'
3.   import router from "./router/index"
4.
```

```
5.    createApp(App)
6.      .use(router)
7.      .mount('#app')
```

第 3 行,导入先前配置的路由。

第 6 行,在应用中指定先前配置的路由。

(6) 测试路由。

启动项目,执行命令如下:

```
npm run dev
```

浏览器访问/list,按照路由设定,组件 List.vue 将做出回应,如图 12-3 所示。

浏览器访问 books/649f989457aeb431a4225d92,按照路由设定,组件 Details.vue 将做出回应,如图 12-4 所示。

图 12-3 访问 List.vue 组件

图 12-4 访问 Details.vue 组件

12.3 功能实现

前端 Vue 应用需要实现的主要功能有:设计应用主界面;编写图书服务类及其 4 个功能函数;通过 Axios 客户端调用 RESTful API 分别实现:获取图书列表、获取特定图书的详细信息、修改图书信息和删除图书;最后,设计图书列表组件 List.vue 和图书详情组件 Details.vue,实现图书信息的显示和维护功能。

视频讲解

12.3.1 设计应用主界面

(1) 安装前端 UI 框架。

前端开发中有许多优秀的 UI 框架可供选择,如 Bootstrap、Element-UI、LayUI、AmazeUI、Vant 等。本项目使用 Bootstrap 框架来实施 UI 布局,执行如下安装命令:

```
npm install bootstrap
```

在入口文件 src/main.ts 中导入 Bootstrap 框架,代码如下:

```
import "bootstrap"
import "bootstrap/dist/css/bootstrap.min.css"
```

(2) 在主界面上加入"图书列表"导航。

修改 src/App.vue 文件,在根组件中加入"图书列表"导航,代码如下:

```
1.    <script setup lang="ts">
2.    </script>
3.
4.    <template>
5.     <div id="app">
6.       <nav class="navbar navbar-expand navbar-dark bg-dark">
7.         <div class="navbar-nav mr-auto">
8.           <li class="nav-item">
9.             <router-link to="/list" class="nav-link">图书列表</router-link>
10.          </li>
11.        </div>
12.      </nav>
13.      <div class="container mt-3">
14.        <router-view />
15.      </div>
16.    </div>
17.   </template>
```

第9行,<router-link>标签用于处理路由单击,最终在浏览器访问页面上会渲染生成如下所示的<a>标签:

```
<a href="/list" ...    >书籍列表</a>
```

第14行,<router-view/>标签用于显示相应的路由组件,最终会按照实际路由显示对应的组件内容。

(3) 测试。

在浏览器访问中/,单击"图书列表"导航,<router-view />标签将显示 List.vue 组件的内容,如图12-5所示。

图12-5 单击"图书列表"导航显示 List.vue 组件

12.3.2 定义图书类型

在项目的 src 目录下创建子目录 types,在子目录 types 中创建图书的接口定义文件 Book.ts,代码如下:

```
1.   export interface IBook {
2.     _id: string,                    //主键
3.     title: string,                  //书名
4.     coverImgUrl: string,            //封面图片的URL
5.     localCoverUrl: string,          //封面图片的本地存放路径
```

```
6.        author : string,              //作者
7.        price : number,               //定价
8.        isbn : string,                //ISBN
9.        pubDate : string,             //出版日期
10.       summary : string              //内容简介
11.  }
```

IBook 接口中定义的 9 个属性名称和类型,应符合本应用中的操作需求,也应该和 RESTful API 服务相关字段保持一致。定义后的 IBook 接口用 export 关键字导出,以便在项目中导入使用。

当然,除了使用接口定义外,实际上也可以用其他类型定义。

12.3.3 设计服务类

编写图书服务类,以 Axios 为 HTTP 客户端调用 Node.js 应用中的 RESTful API。

(1) 安装 Axios 模块。

本项目使用 Axios 模块作为 HTTP 客户端访问 RESTful API,为此先执行如下安装命令:

```
npm install axios
```

(2) 编写图书服务类,调用 RESTful API。

在项目的 src 目录下,创建子目录 services,在子目录 services 中创建 BookService.ts 文件。BookService.ts 文件的代码如下所示:

```
1.   import axios, { AxiosInstance } from "axios"
2.
3.   const apiClient: AxiosInstance = axios.create({
4.    baseURL: "http://localhost:8080",
5.    headers: {
6.        "Content-type": "application/json",
7.    },
8.   })
9.
10.  class BookService{
11.     getAll(): Promise<any> {
12.         return apiClient.get("/books")
13.     }
14.     get(id: any): Promise<any> {
15.         return apiClient.get(`/books/${id}`)
16.     }
17.     update(id: any, data: any): Promise<any> {
18.         return apiClient.patch(`/books/${id}`, data)
19.     }
20.     delete(id: any): Promise<any> {
21.         return apiClient.delete(`/books/${id}`)
22.     }
```

```
23.     }
24.
25.   export default new BookService()
```

第 1 行,导入 axios 对象和 AxiosInstance 类型。

第 3～8 行,创建用于调用 RESTful API 的 Axios 客户端。

其中:第 4 行,指示 RESTful API 服务所在的 URL 为的 http://localhost:8080;第 6 行,指明发送内容为 JSON 格式的数据。

第 10～23 行,定义内含 4 个处理函数的服务类 BookService。其功能是通过 Axios 客户端调用 RESTful API,分别实现:获取图书列表、获取特定图书信息、修改图书信息和删除图书。

第 25 行,用 export default 关键字导出默认的服务类对象。

12.3.4　设计 Vue 组件

(1) 图书列表组件。

修改 src/components 目录下的组件文件 List.vue,实现如下图书列表功能:

调用 BookService 类中的函数 getAll(),获取所有图书文档数据,并将图书信息以列表形式显示在页面左侧。当单击列表中的某本书后,在页面右侧显示它的详细信息。

List.vue 文件的具体代码如下:

```
1.   <template>
2.     <div class="list row">
3.       <div class="col-md-6">
4.         <h4 @click="retrieveBooks">图书列表</h4>
5.         <ul class="list-group">
6.           <li class="list-group-item"
7.             :class="{ active: index == currentIndex }"
8.             v-for="(book, index) in books"
9.             :key="index"
10.            @click="setActiveBook(book, index)">
11.            <img :src="book.coverImgUrl" class="col-md-3" />
12.            <div class="col-md-8">
13.              {{ book.title }} <br/>
14.              <span class="date">{{ book.pubDate }}</span><br/>
15.              <span class="summary">{{ book.summary }} </span>
16.            </div>
17.          </li>
18.        </ul>
19.      </div>
20.
21.      <div class="col-md-6">
22.        <div v-if="currentBook?._id">
23.          <h4>图书</h4>
24.          <div><img :src="currentBook.coverImgUrl" style="height:400px;"/></div>
25.          <div><label><strong>书名:</strong></label>{{currentBook.title}}</div>
26.          <div><label><strong>作者:</strong></label>{{currentBook.author}}</div>
```

```
27.        <div><label><strong>出版日期:</strong></label>
28.            {{currentBook.pubDate}}</div>
29.        <div><label><strong>定价:</strong></label>{{currentBook.price}}</div>
30.        <div><label><strong>ISBN:</strong></label>{{currentBook.isbn}}</div>
31.        <div><label><strong>内容简介:</strong></label>{{currentBook.summary}}
32.        </div>
33.        <router-link :to="'/books/' + currentBook._id"
34.            class="btn-primary">编辑</router-link>
35.      </div>
36.      <div v-else>
37.        <br /><p>单击图书...</p>
38.      </div>
39.    </div>
40.  </div>
41. </template>
42.
43. <style>
44. li div{vertical-align:top; display:inline-block;margin-left:3px;}
45. li div span.date{color:gray; font-size:0.8em;}
46. li div span.summary{
47.     display: -webkit-box;
48.     -webkit-box-orient: vertical;
49.     -webkit-line-clamp: 2;
50.     overflow: hidden;
51. }
52. </style>
53.
54. <script setup lang="ts">
55. import { onMounted, ref } from "vue"
56. import bookService from "../services/BookService"
57. import { IBook } from "../types/Book"
58.
59. let books = ref<IBook[]>([])
60. let currentBook = ref<IBook>()
61. let currentIndex = ref(-1)
62.
63. function retrieveBooks() {
64.     bookService.getAll()
65.     .then((response) => {
66.         books.value = response.data.message
67.         //console.log(books.value)
68.     })
69.     .catch((e: Error) => { console.log(e) })
70. }
71. function setActiveBook(book: any, index = -1) {
72.     currentBook.value = book;              //ref 类型需要用 value 属性赋值
73.     currentIndex.value = index;
74. }
75. onMounted(()=>{
76.     retrieveBooks()
77. })
78. </script>
```

第2～19行，整体上用v-for指令渲染图书列表，并使用：src属性和{{}}插值表达式逐一输出每本书的封面图片、出版日期和内容简介。

第10行，代码@click="setActiveBook(book,index)"的作用是：当单击某本书时，调用第71～74行的函数setActiveBook(book:any,index=-1)，将该书设置为当前活动图书（即被选中图书）。

第24～32行，用{{}}插值表达式显示当前活动图书的详细信息。

第33～34行，用<router-link>标签切换路由至Details.vue组件，以便进行编辑操作。

第54～78行，整体上使用了Vue3语法糖，以组合式API方式编写脚本代码。

第55～57行，分别导入Vue模块、图书服务类和图书类型接口。

第59～61行，分别定义3个响应式变量：图书列表books、活动图书currentBook和活动图书索引currentIndex。

第63～70行，定义获取图书列表的函数retrieveBooks()。在其内部调用图书服务类的函数getAll()以获取图书列表数据。

第71～74行，定义设置活动图书的函数setActiveBook()。当单击某本书时，设置该书为当前活动图书（具体通过设置CSS背景色达到被选中的视觉效果）。

第75～77行，使用Vue 3的生命周期API：当组件挂载（onMounted）时调用函数retrieveBooks()来加载图书列表数据。

注意，当应用访问第三方资源时（如本案例中访问清华大学出版社网站上的图片），一般服务器端Web应用都具备防止盗链策略，通常会导致如下报错：

```
Failed to load resource: the server responded with a status of 403 (Forbidden)
```

此时，需要在index.html页面的<head>标签中加入如下<meta>：

```
<meta name="referrer" content="no-referrer" />
```

测试效果如下：

先确保启动了RESTful API服务（第11章的项目），执行如下命令：

```
C:\restBooks> node ./server.js
```

然后确保启动Vue前端应用（本章项目），执行如下命令：

```
C:\vueBooks> npm run dev
```

在浏览器中，单击左上角的"图书列表"导航，将出现图书列表，如图12-6所示。

单击其中的某本书，右侧将显示该书更为详细的信息，如图12-7所示。

在图书的"内容简介"下方有个"编辑"链接。单击"编辑"链接，则可进入图书详情组件，可做进一步的图书信息编辑操作。

(2) 图书详情组件。

修改src/components目录下的组件文件Details.vue，实现如下图书详情功能：

调用BookService类中的函数get()，获取id值对应的图书文档，并在表单中显示该书

图 12-6　单击"图书列表"导航出现图书列表

图 12-7　单击左侧列表中某本书,右侧显示其详细信息

的详细信息;对图书信息进行编辑后,单击"修改"按钮,调用 BookService 类中的函数 update(),将编辑后的图书信息写回服务器端;单击"删除"按钮,调用 BookService 类中的函数 delete(),将图书从服务器端删除。

Details.vue 文件的具体代码如下:

```html
1.  <template>
2.      <h3>图书详情</h3>
3.      <div class="col-md-6">
4.          <div v-if="currentBook?._id">
5.              <form>
6.                  <div style="display:inline-block;">
7.                      <img :src="currentBook.coverImgUrl" id="coverImg" />
8.                      <input type="text" class="form-control" id="coverImgUrl"
9.                          v-model="currentBook.coverImgUrl"
10.                         onPropertyChange="document.getElementById('coverImg').src=this.value"/>
11.                 </div>
12.                 <div id="right" class="col-md-6"
13.                     style="display:inline-block; vertical-align:top; margin-left:3px;">
14.                     <div class="form-group">
15.                         <label><strong>书名:</strong></label>
16.                         <input type="text" class="form-control" id="title"
17.                             v-model="currentBook.title" />
18.                     </div>
19.                     <div class="form-group">
20.                         <label><strong>作者:</strong></label>
21.                         <input type="text" class="form-control" id="author"
22.                             v-model="currentBook.author" />
23.                     </div>
24.                     <div class="form-group">
25.                         <label><strong>出版日期:</strong></label>
26.                         <input type="text" class="form-control" id="pubDate"
27.                             v-model="currentBook.pubDate" />
28.                     </div>
29.                     <div class="form-group">
30.                         <label><strong>定价:</strong></label>
31.                         <input type="text" class="form-control" id="price"
32.                             v-model="currentBook.price" />
33.                     </div>
34.                 </div>
35.                 <div class="form-group">
36.                     <label><strong>内容简介:</strong></label>
37.                     <textarea rows="5" class="form-control" id="summary"
38.                         v-model="currentBook.summary">
39.                     </textarea>
40.                 </div>
41.             </form>
42.             <button class="btn btn-warning" @click="updateBook">修改</button>
43.             <button class="btn btn-danger" @click="deleteBook">删除</button>
44.             <p>{{ message }}</p>
45.         </div>
46.     </div>
47. </template>
48. <style>#coverImg{height:400px;}</style>
49. <script setup lang="ts">
50. import { onMounted, ref } from "vue";
```

```
51.     import router from "../router/index";
52.     import bookService from "../services/BookService";
53.     import { IBook } from "../types/Book";
54.
55.     let currentBook = ref<IBook>()
56.     let message = ref("")
57.
58.     function getBook(id: any) {
59.         bookService.get(id)
60.             .then((response) => {
61.                 currentBook.value = response.data.message
62.             })
63.             .catch((e: Error) => { console.log(e) })
64.     }
65.     function updateBook(){
66.         bookService.update(currentBook.value?._id, currentBook.value)
67.             .then(() => {
68.                 message.value = "图书信息已修改!";
69.             })
70.             .catch((e: Error) => { console.log(e) })
71.     }
72.     function deleteBook(){
73.         bookService.delete(currentBook.value?._id)
74.             .then(() => {
75.                 router.push({ name: "list" });           //直接跳转到 List.vue 组件页面
76.             })
77.             .catch((e: Error) => { console.log(e) })
78.     }
79.     onMounted(() =>{
80.         getBook(router.currentRoute.value.params.id)
81.     })
82.     </script>
```

第 5～41 行，在表单中用{{ }}插值表达式显示要编辑的图书的各属性信息。注意，在各属性上都使用了 v-model 双向绑定功能。

第 7～10 行，实现图片预览功能：修改<input>标签中的图片 URL 值，在<img>标签上将显示相应的封面图片。

第 42 行，单击"修改"按钮，会调用函数 updateBook()，实现图书编辑功能。

第 43 行，单击"删除"按钮，会调用函数 deleteBook()，实现图书删除功能。

第 50～53 行，分别导入 Vue、路由、图书服务类和图书类型接口声明。

第 55～56 行，分别定义两个响应式变量：变量 currentBook 代表当前正被编辑的图书、变量 message 用于存放操作后的响应信息。

第 58～64 行，定义获取图书信息的函数 getBook()。该函数内部调用了图书服务类的函数 get()，用于获取 ID 值对应的图书信息。

第 65～71 行，定义修改图书信息的函数 updateBook()。该函数内部调用了图书服务类的函数 update()，若修改成功，则响应信息为"图书信息已修改!"

第72~78行，定义删除图书的函数 deleteBook()。该函数内部调用了图书服务类的函数 delete()，用于删除 ID 值对应的图书。处理后，调用代码 router.push({ name: "list" })将操作界面跳转到 List.vue 组件。

第79~81行，使用生命周期 API 函数 onMounted()：实现当组件被挂载时调用函数 getBook()来加载图书信息的功能。

测试效果如下：

在浏览器中，单击左上角的"图书列表"导航，将出现图书列表，如图 11-7 所示。

进入图 11-7 所示界面，将鼠标移至"剧情简介"下方，会显示"编辑"链接。单击"编辑"链接，进入"图书详情"组件，如图 12-8 所示。

图 12-8　显示"图书详情"组件界面

修改图书属性值，如修改封面图片的 URL、书名、作者、出版日期、定价等。然后单击"修改"按钮，在其下方显示"图书信息已修改！"，如图 12-9 所示。

图 12-9　修改图书信息

单击"图书列表"链接,查看图书《玩赚剪映：视频剪辑、特效与运营》,发现其信息确实已被修改,如图12-10所示。

图12-10　查看图书修改信息

在图书列表中单击选择一本书,单击右侧"剧情简介"下方的"编辑"链接,进入图书详情页面,如图12-11所示。

图12-11　单击"编辑"链接右侧,显示图书详情

单击"删除"按钮。页面将切回到"图书列表"组件,相应的图书不再出现在列表中,说明该书已从MongoDB库中删除。

至此,前端Vue项目功能都已实现。

参 考 文 献

[1] VONDERKAM D. Effective TypeScript[M]. 王瑞鹏,董强,译. 北京:中国电力出版社,2021.
[2] JANSEN R H. Learning TypeScript[M]. 龙逸楠,蔡伟,迷走,译. 北京:电子工业出版社,2016.
[3] CHERNY B. TypeScript 编程[M]. 安道,译. 北京:中国电力出版社,2020.
[4] 汪明. TypeScript 实战[M]. 北京:清华大学出版社,2020.
[5] 胡桓铭. TypeScript 实战指南[M]. 北京:机械工业出版社,2019.
[6] SYED B A. 深入理解 TypeScript[M]. 郭文超,何小磊,柳星,等译. 北京:电子工业出版社,2020.
[7] BROWN E. Node 与 Express 开发[M]. 吴溌栩,译. 2 版. 北京:人民邮电出版社,2021.
[8] 柳伟卫. Node.js+Express+MongoDB+Vue.js 全栈开发[M]. 北京:清华大学出版社,2013.
[9] 郑均辉,薛燚. JavaScript+Vue+React 全程实例[M]. 北京:清华大学出版社,2019.
[10] 方选政,陶建兵. Vue 应用开发[M]. 北京:电子工业出版社,2022.
[11] 刘海,王美妮. Vue 应用程序开发[M]. 北京:人民邮电出版社,2020.
[12] 吕鸣. Vue.js 3 应用开发与核心源码解析[M]. 北京:清华大学出版社,2022.
[13] ALEXIS G. 精通 MongoDB 3.x[M]. 陈凯,译. 北京:清华大学出版社,2019.
[14] EDWAR D S G,SABHARWAL N. MongoDB 实战:架构、开发与管理[M]. 蒲成,译. 北京:清华大学出版社,2017.
[15] ISAACKS J D. ES 2015/2016 编程实战[M]. 林赐,译. 北京:清华大学出版社,2019.